"十三五"江苏省高等学校重点教材（编号：2020-2-117）

<<<<

>>>> 郭业才 刘 冬 编著

电子通信系统
综合设计教程（LabVIEW 版）

U0197914

>>>>

江苏大学出版社
JIANGSU UNIVERSITY PRESS

镇 江

内容提要

本书是项目引领的教、学、做一体化特色教材,是"十三五"江苏省高等学校重点教材(编号:2020—2—117)。全书所选项目符合创新教育要求,选题精新、逻辑清晰、科学严谨、图表规范、说明性强。主要内容有:发射机与接收机设计、调制通信系统与调制信号识别设计、语音录制回放系统和基带传输系统设计、CDMA 通信系统发射机与接收机设计、OFDM 通信系统设计、GSM 和 TD－LTE 物理链路协议设计等。这些内容既与理论教学内容有机衔接,又体现理论教学上未充分反映出来的但实际工程中需要解决的问题,适合不同层次的教学要求。本书可作为高等学校电子信息类、控制类、计算机类等专业创新实践教材或参考书,也可供有关工程技术人员选用。

图书在版编目(CIP)数据

电子通信系统综合设计教程:LabVIEW 版 / 郭业才,刘冬编著. — 镇江:江苏大学出版社,2021.11
ISBN 978-7-5684-1689-4

Ⅰ.①电… Ⅱ.①郭… ②刘… Ⅲ.①通信系统－系统设计－教材 Ⅳ.①TN914

中国版本图书馆 CIP 数据核字(2021)第 213860 号

电子通信系统综合设计教程(LabVIEW 版)
Dianzi Tongxin Xitong Zonghe Sheji Jiaocheng(LabVIEW Ban)

编 著/	郭业才 刘 冬
责任编辑/	徐 婷
出版发行/	江苏大学出版社
地 址/	江苏省镇江市梦溪园巷 30 号(邮编:212003)
电 话/	0511-84446464(传真)
网 址/	http://press.ujs.edu.cn
排 版/	镇江市江东印刷有限责任公司
印 刷/	江苏凤凰数码印务有限公司
开 本/	787 mm×1 092 mm 1/16
印 张/	14.75
字 数/	326 千字
版 次/	2021 年 11 月第 1 版
印 次/	2021 年 11 月第 1 次印刷
书 号/	ISBN 978-7-5684-1689-4
定 价/	48.00 元

如有印装质量问题请与本社营销部联系(电话:0511-84440882)

前　言

本书是"十三五"江苏省高等学校重点教材（编号：2020-2-117），是电子信息类及相关专业的创新实践教材，是江苏省高等学校一流专业"电子信息工程"建设的教材，也是南京信息工程大学滨江学院与武汉易思达科技有限公司的共建教材。编写本书的目的是希望探索一条以项目牵引、面向工程、启发引导、侧重创新的教材建设之路，行校企合作、产教融合之实，着力培养学生应用创新的能力，实现学生个性潜能发展。

本书以软件无线电硬件平台和 LabVIEW 软件为支撑，采用项目导向、任务驱动的模式。每个项目均从任务书、设计指南、配置资源、工作安排四方面启发引导，由学生按项目设计过程自主完成。本书由校企联合打造，主编和统稿为南京信息工程大学滨江学院郭业才教授；武汉易思达科技有限公司工程师刘冬参与了工程项目的策划，并对项目案例的撰写提出了建设性意见。书中所涉及的工程项目包括发射机与接收机设计、调制通信系统与调制信号识别设计、语音录制回放系统和基带传输系统设计、CDMA 通信系统发射机与接收机设计、OFDM 通信系统设计、GSM 和 TD-LTE 物理链路协议设计等。

本书的主要特点如下：

（1）引导机制融入项目实施全程。全书以项目牵引、任务驱动、方法引导，按工程教育理念，使学生"用中会""会中用""学用结合"，培养学生解决复杂工程问题的能力。学生可按教材内容进行开发设计、拓展延伸。

（2）先进技术贯穿内容体系之中。全书所有项目都以 LabVIEW 软件为工具，依托现代软件无线电硬件平台，完成电子通信综合系统设计任务。书中所选项目符合创新教育要求、选题精新前沿、逻辑结构清晰、论述科学严谨、格式规范完整、图文搭配得当，特色鲜明，适用性强，使用面宽。

本书在编写过程中，许雪、国洪灿等研究生对每个项目逐一进行了测试。本书的出版得到了 2019 年江苏省一流专业（电子信息工程 No. 280）建设项目、2019 年无锡市信息技术（物联网）扶持资金第三批项目（通信工程）、2020 年无锡市信息产业（集成电路）扶持资金项目（电子信息工程、电子科学与技术、光电信息科学与工程）的大力支持，以及江苏大学出版社的鼎力相助，在此一并表示诚挚的谢意！

由于编著者水平有限，书中难免会有一些不足，恳请读者提出宝贵意见！

编著者

2021 年 7 月 6 日

目　录

项 目 1

基于软件无线电平台的 FM 数字接收机设计

1.1　任务书

本设计的任务书说明如表 1.1 所示。

表 1.1　任务书说明

任务书组成	说明
设计题目	基于软件无线电平台的 FM 数字接收机设计
设计目的	(1) 巩固通信原理的基础理论知识,并将理论知识应用到实践中。 (2) 通过软硬件结合的方式,构建简单通信系统并测试该系统。 (3) 掌握通过 LabVIEW 软件和 XSRP 软件无线电平台实现通信系统的方法。
设计内容	(1) 通过 XSRP 软件无线电平台接收指定频点的 FM 信号,将 FM 信号采集为 I/Q 信号之后,经过 FPGA 将数据通过千兆网络传输给计算机,在计算机上编程,对该信号进行坐标转换(I/Q 信号对应的直角坐标转为极坐标或称欧拉公式反变换)、解相位卷绕、信号微分,并将数据重采样至与计算机声卡匹配的速率,通过计算机声卡播放接收的 FM 语音信号。 (2) 采用 LabVIEW 的基本编程方法,在 LabVIEW 下编写程序。注:本项目提供了案例程序,可以打开并运行该程序,可提前了解项目要求实现的效果。 (3) 案例中实现的核心过程已被封装,学生看不见程序代码,需要自己编写。需要编写的部分也已经提供了全部子模块程序(子 VI),学生首先读懂不需要修改的程序,然后把这些提供的子模块程序按正确的方式串接起来,再进行软硬件联调(需要掌握 XSRP 软件无线电平台的使用方法)。
设计要求	1. 功能要求 　(1) 基于 XSRP 软件无线电平台,设计一个 FM 数字接收机,要求通过外置的 FM 音频发射器发送手机里的音乐,被 XSRP 软件无线电平台接收以后,将数据传输给计算机进行处理,最后还原成语音信号,在计算机中播放发送的音乐。 　(2) 编写 LabVIEW 程序,要求前面板显示接收到的语音信号的时域和频域波形。 　(3) 与 XSRP 软件无线电平台联调,要求播放的语音清晰、连续、无杂音。 2. 指标要求 　(1) 接收频率:88~108 MHz,频率可以设置,步进为 100 kHz。 　(2) 接收增益:可设置,范围为 0~40 dB。 　(3) 接收通道:可设置。 　(4) 设备 IP 地址:可修改。

任务书组成	说明
设计要求	（5）采样分频系数：可设置。 （6）声卡采样率：可设置。 3. 创新要求 　　与做"基于 LabVIEW 软件无线电平台的 FM 数字发射机设计"的同学进行联调，在 XSRP 软件无线电平台实现语音信号的发射和接收。
设计报告	1. 项目设计报告格式 　　按照学校要求的统一格式，提交一份纸质版的项目设计报告。设计报告正文的字体要求：大标题采用小三号宋体，小标题采用四号宋体，内容采用小四号宋体；行间距为1.5 倍；设计报告从正文开始编页码；左侧装订；设计报告不少于 25 页。 2. 项目设计报告内容 　　（1）封面； 　　（2）项目设计任务书； 　　（3）考核表； 　　（4）摘要、关键词； 　　（5）目录； 　　（6）正文（包括需求分析、总体设计、详细设计、系统调试、设计结果、设计总结等部分）； 　　（7）参考文献； 　　（8）附录（包括原理图、流程图、程序等）。

时间安排	起止时间	工作内容
	第一天	通过阅读提供的资料和网上查找的资料，深入理解设计任务，掌握其设计原理，了解其设计框架，明确自己要做的工作。
	第二天	（1）安装"所需资源"中"软件资源"对应的软件。 　　（2）领取或找到项目设计需要用到的 XSRP 软件无线电平台及其各种配件，掌握硬件平台的基本使用方法。 　　（3）按照设计指南介绍的方法运行案例程序，测试该项目最终的实现效果。
	第三天	分析设计项目，根据设计指南明确自己所缺的软硬件知识，并做针对性的补充。
	第四至第七天	读懂案例程序的框架，按照设计指南的要求编写核心部分的程序并进行测试。
	第八天	与软件无线电平台硬件联调，测试功能，优化指标。
	第九天	编写项目设计报告。
	第十天	修改项目设计报告，打印项目设计报告并提交。

参考资料	[1] 樊昌信，曹丽娜. 通信原理［M］. 7 版.北京：国防工业出版社，2021. 　　［2］张瑾，周原.基于 MATLAB/Simulink 的通信系统建模与仿真［M］. 2 版.北京：北京航空航天大学出版社，2017. 　　［3］陈树学，刘萱. LabVIEW 宝典［M］.北京：电子工业出版社，2017.
主要设备	（1）XSRP 软件无线电平台 1 台（包含其全部配件）。 　　（2）计算机 1 台（装有 Matlab 2012b、LabVIEW 2015、QuartusII 11.0 等软件，一定要有声卡）。 　　（3）FM 音频发射器 1 个。

1.2　设计指南

1.2.1　设计任务解读

1. 播放发射的 FM 信号

FM(Frequency Modalation)音频发射器发射的 FM 信号,经 XSRP 软件无线电平台接收(注意:不是接收空中的调频广播,也不是接收校园广播,而是接收专门发射的 FM 信号),将其采集为 I/Q 信号之后,经过 FPGA 将数据通过千兆以太网传输给计算机,在计算机上编程,对 I/Q 信号进行坐标转换(I/Q 信号对应的直角坐标转为极坐标或称欧拉公式反变换)、解相位卷绕、信号微分,并将数据重采样至与计算机声卡匹配的速率,通过计算机声卡播放发射的 FM 信号,如图 1.1 所示。

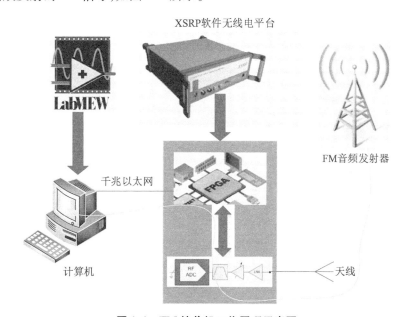

图 1.1　FM 接收机工作原理示意图

2. LabVIEW 编程

本项目设计需要学生掌握 LabVIEW 软件的基本编程方法,并编写核心部分的程序,实现通过 XSRP 软件无线电平台接收指定频点的 FM 信号(发射的频点可以设置,发射什么频率就对应接收什么频率)。

3. 设计难度分级

本项目设计共有三级难度(表 1.2),学生可以根据自己的实际情况选择。

表 1.2　设计难度分级

难度级数	任务内容	说明
三级	（1）效果验证。提供了案例程序,打开并运行该程序,可以提前了解项目要求实现的效果。 （2）编写命令程序。案例中实现的核心过程已被封装,学生看不见程序代码,需要自己编写。 （3）编写核心程序。需要编写程序的部分已经提供了全部子模块程序(子 VI),学生需要先读懂不需要编写的程序,然后把这些提供的子模块程序按正确的方式串接起来,再进行软硬件联调。	本项目设计按此难度级数介绍相关内容
二级	（1）效果验证。提供了案例程序,打开并运行该程序,可以提前了解项目要求实现的效果。 （2）编写命令程序。案例已被封装,学生看不见程序代码,需要自己编写。 （3）编写核心程序。需要编写核心过程的程序,而这些程序是不提供任何子模块程序或参考设计的。	
一级	只提供项目设计的要求、设备的使用方法、设备调用的接口,不提供任何子模块程序,全部程序和软硬件联调由自己完成。	

4. 软件无线电平台的使用

本项目设计需要学生掌握 XSRP 软件无线电平台调用其射频部分、基带部分等的基本使用方法。

5. 与普通实验的差别

项目设计不同于普通的实验,属于目标导向式的设计方式(一般的实验都有详细的实验指导书,按照指导书正确操作,就能得到正确的实验结果;而项目设计是没有指导书的),需要根据设计任务,分解并掌控设计的全过程,通过查找和阅读相关资料,编写程序,调试程序,最终达到设计任务的要求,填写项目设计报告。简而言之,项目设计是对学生综合能力的全方位检阅,不仅仅检阅学生的技术能力,还有其目标管理、时间管理、资源获取、解决问题、逻辑分析的能力等。

1.2.2　设计原理

1. 原理框图

FM(频率调制)的调制方式常被用于无线电广播,所以又称 FM 为调频广播。我国调频广播的频率范围为 87.5~108 MHz,通常带宽取为 200 kHz。

XSRP 软件无线电平台的射频接收频率范围为 70 MHz~6 GHz,可以通过配置射频接收频率值(和 FM 音频发射器的载波频率一致时),接收天线就能接收到发射的调频广播信号。

接收到调频广播信号后经 XSRP 软件无线电平台进行 LNA(低噪声放大:放大微弱信

号并有效抑制噪声)、模拟下变频、低通滤波、A/D 转换、数字下变频(通过分频值配置,使用不低于 FM 的带宽 200 kHz),就得到基带的 I/Q 信号(这部分内容在 XSRP 软件无线电平台中调用其射频部分即可实现),该信号经过 FPGA 处理,通过千兆以太网将 I/Q 信号发送至计算机,在计算机上对 I/Q 信号进行解调。其实现原理框图如图 1.2 所示。

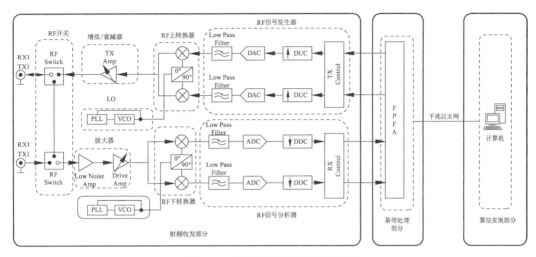

图 1.2　FM 接收机实现原理框图

图 1.2 中,射频收发部分,即 XSRP 软件无线电平台的射频部分;基带处理部分,即 XSRP 软件无线电平台的基带部分;算法实现部分,在计算机中实现。

XSRP 软件无线电平台=机箱+射频部分+基带部分+配件(电源线、网线、USB 线、天线等)。

2. 实现原理

(1) FM 信号产生

通过信源信号 $m(t)$ 调节载波的过程:信源信号经过积分器输出函数为 $\theta(t)$,再将该函数作为载波信号的相位进行调制,从而通过信源信号的变化实现对载波频率进行控制的频率调制过程。FM 发射机频率调制的框图如图 1.3 所示。

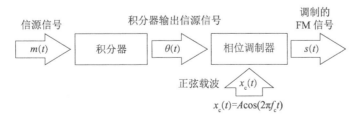

图 1.3　FM 发射机频率调制的框图

在框图中,将信源信号积分得到一个关于相位的时间方程,即

$$\theta(t) = 2\pi f_c t + 2\pi k_f \int_0^t m(\tau)\,\mathrm{d}\tau \qquad (1.1)$$

式中:f_c 为载波频率;k_f 为调制指数;$m(\tau)$ 为信源信号。

（2）FM 信号解调

这里用反正切方法进行 FM 信号解调,其基本思想和实现过程如下:

对于连续波调制,调制信号的数学表达式为

$$S(n) = A_0\cos[\omega_c n + \phi(n)] \tag{1.2}$$

换言之

$$S(n) = A(n)\cos[\omega_c n + k\sum m(n) + \phi_0] \tag{1.3}$$

式中:ω_c 表示载频的角频率;k 表示比例因子;ϕ_0 是一个常数。

式(1.3)展开为

$$S(n) = A(n)\cos[k\sum m(n) + \phi_0]\cos(\omega_c n) - A(n)\sin[k\sum m(n) + \phi_0]\sin(\omega_c n) \tag{1.4}$$

同相分量为

$$X_I(n) = A(n)\cos[k\sum m(n) + \phi_0] \tag{1.5}$$

正交分量为

$$X_Q(n) = A(n)\sin[k\sum m(n) + \phi_0] \tag{1.6}$$

对正交分量与同相分量之比值进行反正切运算,得

$$\phi(n) = \arctan\left(\frac{X_Q}{X_I}\right) = k\sum m(n) + \phi_0 \tag{1.7}$$

然后,对相位差分,得调制信号为

$$\phi(n) - \phi(n-1) = m(n) \tag{1.8}$$

即将接收到的经过下变频的基带正交信号化为极坐标的形式,得到其相位后再进行求导处理,得到调制信号。

3. 功能验证

Step1:将设备串口和计算机串口相连(计算机最好不再连接其他要用串口的设备),设备网口和计算机网口相连,将设备网口的 IP 地址设置成当前计算机的 IP 地址,网络配置可在 XSRP 软件的"ConsoleCenter"中查看(后面实验中该步骤均如此操作)。

Step2:打开"基于软件无线电平台的 FM 数字接收机设计"实验对应的程序源码,找到"FM_rev.vi"文件并打开,如图 1.4 所示。

图 1.4　FM_rev.vi 文件所在位置

注意：所有的程序代码都要保存在非中文路径下。

Step3：打开"FM_rev.vi"文件后弹出如图 1.5 所示界面。

图 1.5　FM 接收机界面

Step4：设置发射器的发射频率，用手机播放音乐，如图 1.6 所示（画圈处为发射频率，此时为 98 MHz）。

图 1.6　手机播放音乐

Step5：将接收频率设置成与发射频率相同，其余参数保持默认，然后单击运行程序即可听到手机播放的音乐（若听到的是杂音，则需要调整发射频率直至听到音乐）。设备接收到信号时 XSRP 软件的显示界面如图 1.7 所示。

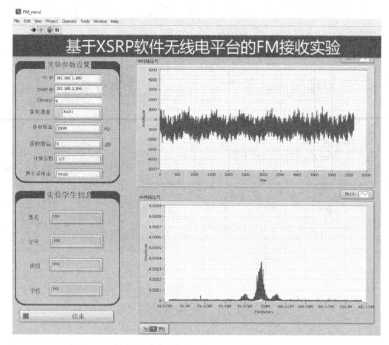

图 1.7　设备接收到信号时 XSRP 软件的显示界面

4. 程序解读（不需要编程但需要读懂的部分）

如图 1.8 所示，程序可分为 4 大模块来设计，即初始化模块、静态/动态参数配置模块、检测模块和数据处理模块。其中，初始化模块、参数配置模块和检测模块的程序需要读懂，否则无法编写数据处理模块的程序。

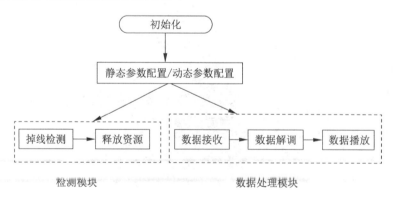

图 1.8　程序框图

（1）初始化模块

① 名称：INIT.vi。

② 功能：查询网口是否为千兆网口，以及进行 UDP 通信资源的初始化设置，如图 1.9 所示。

图 1.9 中，FndGEindex.vi 用于查找网口是否为千兆网口；F 指定用非混杂模式接收数据；65536 为单次接收数据的最大值；error in 为上个 VI 的错误输出；100 为接收数据的等

待超时时间;pcap reference 为 UDP 引用;error out 为错误输出。

③ 位置:在文件夹"FM_REV"下的"My_SubVI"中。

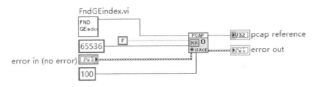

图 1.9　初始化模块

（2）参数配置模块（图 1.10）

① 名称:CONFIG.vi。

② 功能:设置本地 IP、设备 IP 及其通信端口,并设置的设备采样分频系数等。

③ 输入参数:配置参数,UDP 引用。

④ 输出参数:UDP 引用。

⑤ 位置:在文件夹"FM_REV"下的"My_SubVI"中。

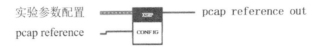

图 1.10　参数配置模块

（3）动态参数配置模块（图 1.11）

① 名称:CONFIG2.vi。

② 功能:配置可在程序运行过程中改变的参数并使之生效。

③ 输入参数:在程序运行过程中改变的参数。

④ 输出参数:无。

⑤ 位置:在文件夹"FM_REV"下的"My_SubVI"中。

图 1.11　动态参数配置模块

（4）检测模块（图 1.12）

① 名称:CHEK.vi。

② 功能:检测 XSRP 设备是否关闭,若已关闭,则停止整个程序的运行。

③ 输入参数:音频波形队列引用。

④ 输出参数:音频波形队列引用。

⑤ 位置:在文件夹"FM_REV"下的"My_Sub VI"中。

图 1.12　检测模块

（5）释放资源模块（图 1.13）

① 名称：RELESE.vi。

② 功能：释放程序创建的队列及 UDP 资源。

③ 输入参数：

wave que in：音频波形队列引用。

IQ_REF：IQ 路数据队列引用。

pcap reference：UDP 引用。

④ 输出参数：无。

⑤ 位置：在文件夹"FM_REV"下的"My_SubVI"中。

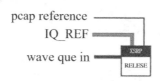

图 1.13　释放资源模块

5. 程序设计（需要自己编程的部分）

数据处理模块又可分为数据接收、数据解调和数据播放 3 个子模块。数据接收和数据播放部分的程序是不需要编写的，需要编写的是数据解调部分的程序。编写这部分的程序，需要用到 7 个子 VI，掌握了这 7 个子 VI 的调用原理后，通过某种连线方式的组合，就能设计出最终的程序。

（1）数据接收

数据接收子模块的程序框图如图 1.14 所示。接收设备接收的数据通过 1 解析成 I/Q 数据并通过 2 放入 I/Q 数据队列。

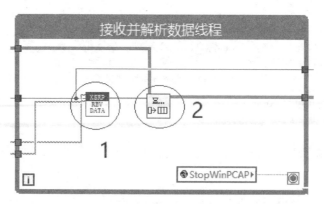

图 1.14　数据接收子模块的程序框图

（2）数据播放

数据播放子模块程序框图如图 1.15 所示。先通过 1 判断声音波形队列中是否有数据。若有数据，则通过 2 将数据从波形队列中取出，通过 3 将数据转换成波形信号格式，最后输入 4 中播放。

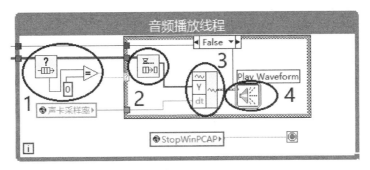

图 1.15　数据播放子模块程序框图

（3）数据解调

数据解调部分程序涉及的 7 个子 VI 如下：

1）Compex to Polar Waveform.vi（图 1.16）。

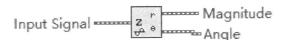

图 1.16　**Compex to Polar Waveform.vi**

① 功能：将 $a+ib$ 形式的复数转换为 $r \cdot e^{i\theta}$ 形式。

② 输入参数：$a+ib$ 形式的复数。

③ 输出参数：

Magnitude：$r \cdot e^{i\theta}$ 形式复数的 r。

Angle：$r \cdot e^{i\theta}$ 形式复数的 θ。

④ 位置：在文件夹"FM_REV"下的"SubVI3"中。

2）Unwrap Phase.vi（图 1.17）。

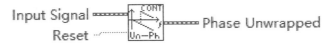

图 1.17　**Unwrap Phase.vi**

① 功能：将 $[-\pi,\pi]$ 的相位展开为 $[0,2\pi]$ 的相位。

② 输入参数：

Input Signal：信号波形。

Reset：是否将当前波形设置为首次输入波形（若选择"否"，则使用默认值即可）。

③ 输出参数：展开为连续相位后的信号波形。

④ 位置：在文件夹"FM_REV"下的"SubVI3"中。

3）Differentiate-Continuous.vi。

① 功能：对信号波形逐点求导。

② 输入参数:信号波形。

③ 输出参数:求导后的信号波形。

④ 位置:在文件夹"FM_REV"下的"SubVI3"中。

4) Resample Waveform.vi(图 1.18)。

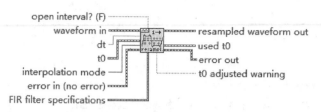

图 1.18　Resample Waveform.vi

① 功能:对信号波形进行抽样并滤波。

② 输入参数(只用到其中 waveform in 和 dt 两个输入参数):

waveform in:要抽样滤波的信号波形。

dt:抽样间隔。

③ 输出参数(只使用输出信号波形 resampled waveform out 即可):

resampled waveform out:抽样滤波后的信号波形。

④ 位置:在文件夹"FM_REV"下的"SubVI3"中。

另外,还有 3 个子 VI 是 LabVIEW 自带的。

5) 建立波形模块。

① 功能:根据输入的数组数据,以及数据时间间隔 dt 和起始时间 t0 来建立信号波形。

② 输入参数:数组数据(可选);数据时间间隔;信号起始时间。

③ 输出参数:信号波形。

④ 位置:如图 1.19 所示。

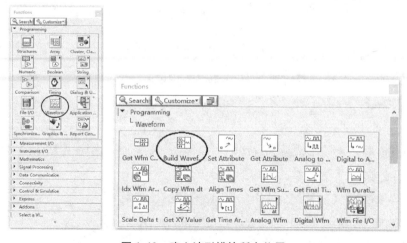

图 1.19　建立波形模块所在位置

6）数据类型转换模块。

① 功能：将数据转换为 I16 型。

② 输入参数：其他类型数据。

③ 输出参数：I16 型数据。

④ 位置：如图 1.20 所示。

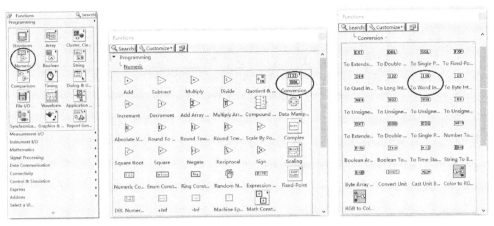

图 1.20　数据类型转换模块的位置

7）获取波形数据模块。

① 功能：获取信号波形各点的值及起始时间等数据。

② 输入参数：信号波形。

③ 输出参数：波形各点的值（可选）。

④ 位置：如图 1.21 所示。

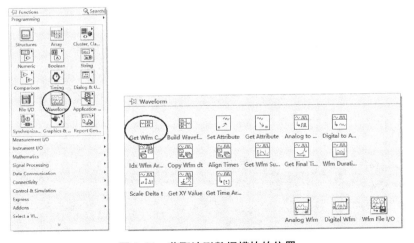

图 1.21　获取波形数据模块的位置

学生可根据前面介绍的 7 个子 VI 进行解调模块设计。解调线程框图如图 1.22 所示，其中，1 处就是要编写的子 VI，该子 VI 可由 2 名学生合作完成；2 处为对时域信号波形进行 FFT 并显示出来;3 处为显示时域信号波形;4 处为将时域信号波形放入声音波形队列中。

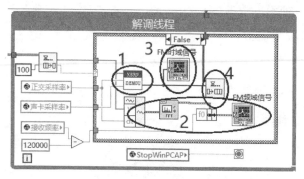

图 1.22　解调线程框图

6. 设计结果(仅供指导老师参考,不提供给学生)

图 1.23 所示为程序设计对应的源代码,图中:

1 为复数形式的 I/Q 路数据;

2 为相邻 I/Q 路数据的时间间隔;

3 为重采样时间间隔;

4 为建立 I/Q 路数据的信号波形;

5 为将 $a + ib$ 形式的 I/Q 路信号波形分解为 $r \cdot e^{i\theta}$ 形式的 r 和 θ 信号波形,本项目中只需要 θ 信号波形,即 $k \sum m(n) + \varphi_0$;

6 为将 θ 信号波形的相位展开为连续相位,由于反正切会引起 $[-\pi, \pi]$ 处相位不连续,因而需将其展开为连续相位,此时的输出即为 $k \sum m(n) + \varphi_0$;

7 为对 $k \sum m(n) + \varphi_0$ 求导得到 $km(n)$;

8 为对 $m(n)$ 根据重采样间隔进行重采样及滤波,由于声卡采样频率一般为 44.1 kHz,因而需对 $m(n)$ 降频以使声卡可处理;

9 为将 $km(n)$ 除 50 以减小 $m(n)$ 的幅值,也可不用 50 而用其他值来获得不同幅值,但由于播放音频 VI 会自动将音频数据的音量调节成系统音量,因而幅值不同并不会影响音量;

10 为将 $m(n)$ 数据转换为 I16 型数据;

11 为将声音数据 $m(n)$ 作为 VI 的输出。

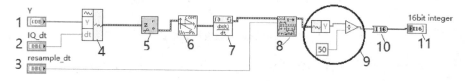

图 1.23　程序设计对应的源代码

1.3　配置资源

1.硬件资源

（1）XSRP 软件无线电平台。

（2）FM 音频发射器。

（3）计算机（操作系统：Windows 7 系统及其以上；以太网网卡：千兆；必须有声卡）。

2.软件资源

（1）LabVIEW 2015。

（2）XSRP 软件无线电平台无线收发软件和测试软件（需要配合 XSRP 软件无线电平台硬件才能使用）。

1.4　工作安排

项目设计的工作安排说明如表 1.3 所示。

表 1.3　工作安排说明

阶段	子阶段	主要任务
阶段 1	理解任务，掌握设计原理，了解框架	通过阅读提供的资料和网上查找的资料，深入理解设计任务，掌握设计原理，了解设计框架，明确自己要做的工作。
阶段 2	安装软件，领取设备，验证功能	（1）安装"所需资源"中"软件资源"。 （2）领取或找到项目设计需要用到的 XSRP 软件无线电平台及其各种配件，掌握硬件平台的基本使用方法。 （3）按照本项目设计指南提供的方法运行案例程序，测试最终的实现效果（相当于先看到了实现的效果，再倒过来完成实现的过程。案例中实现的过程已被封装，学生看不见程序代码，这正是该项目需要学生完成的）。
阶段 3	补充所缺的知识	（1）LabVIEW 知识储备。 （2）Matlab 知识储备。
阶段 4	读懂案例的框架，编写核心部分程序	（1）在 LabVIEW 下打开案例程序，删掉已经被封装而无法看到内部程序的子 VI。 （2）编写新的程序（一个或多个），与已经提供的程序对接，然后再测试功能。
阶段 5	软硬件联调	将编写好的各核心模块程序构建成系统程序，并与 XSRP 软件无线电平台硬件进行联调，测试其功能，并优化效果。
阶段 6	编写项目设计报告	按照任务书的相关要求认真编写项目设计报告，完成后打印并提交。

项目 2

基于软件无线电平台的 QPSK
频带通信系统设计

2.1 任务书

本设计的任务书说明如表 2.1 所示。

表 2.1 任务书说明

任务	说明
设计题目	基于软件无线电平台的 QPSK 频带通信系统设计
设计目的	（1）巩固通信原理的基础理论知识，并将理论知识应用到实践中。 （2）通过软硬件结合的方式，构建模拟调制方式自动识别系统。 （3）掌握通过 LabVIEW 软件和 XSRP 软件无线电平台实现通信系统的方法。
设计内容	（1）读取本地 WAV 文件并对数据进行 PCM 编码（本设计采用的是 13 折线编码）、数据分帧、加 CRC 校验、信道编码、QPSK 调制、加帧同步、过采样，最后将产生的数据通过以太网发送到 XSRP 软件无线电平台，在软件无线电平台中完成 I/Q 数据的 D/A 转换、上变频载波调制、射频在指定频点将信号通过天线发射出去。无线信号经过空中无线信道，再通过射频的接收天线在对应的频点将数据接收、下变频、低通滤波、A/D 转换，得到 I/Q 信号，通过以太网发送到计算机。在计算机上对 I/Q 信号进行处理，包括帧同步、抽样、相位纠正、解调制映射、信道解码、CRC 校验、数据组帧、信源解码，将还原后的音频数据写入 WAV 文件。 （2）需要掌握 Matlab 基本编程方法及根据相应原理实现对应的算法，最后形成一个完整系统。本项目提供了案例程序，可以打开并运行该程序，提前了解项目要求实现的效果。 （3）案例中实现的核心 Matlab 代码已被加密，学生看不见程序源码，需要自己编写。学生需要先读懂不需要修改的程序，然后编写要求的函数程序，再进行软硬件联调（需要掌握 XSRP 软件无线电平台的使用方法）。
设计要求	1. 功能要求 （1）基于 XSRP 软件无线电平台，设计基于 WCDMA 物理层协议的 QPSK 频带通信系统，要求以 QPSK 的调制方式发送，经过 XSRP 软件无线电的发射接收（自发自收），在计算机上还原接收的数据并将还原的数据写入 WAV 文件。 （2）编写 Matlab 程序，要求程序可以仿真运行，并且还原的音频数据基本正确。 （3）编写 LabVIEW 程序，要求前面板有发送和接收的数据时域波形及星座图。

任务	说明		
设计要求	2. 指标要求 　（1）发射频率:900~1000 MHz,频率可以设置。 　（2）发送衰减:可设置,范围为 0~90 dB。 　（3）接收频率:900~1000 MHz,频率可以设置。 　（4）接收增益:可设置,范围为 0~40 dB。		
设计报告	1. 项目设计报告格式 　按照学校要求的统一格式,提交一份纸质版的项目设计报告。设计报告正文的字体要求:大标题采用小三号宋体,小标题采用四号宋体,内容采用小四号宋体;行间距为 1.5 倍;设计报告从正文开始编页码;左侧装订;设计报告不少于 25 页。 2. 项目设计报告内容 　（1）封面; 　（2）项目设计任务书; 　（3）考核表; 　（4）摘要、关键词; 　（5）目录; 　（6）正文(包括需求分析、总体设计、详细设计、系统调试、设计结果、设计总结等部分); 　（7）参考文献; 　（8）附录(包括原理图、流程图、程序等)。		
时间安排	起止时间	工作内容	
	第一天	通过阅读提供的资料和网上查找的资料,深入理解设计任务,掌握设计原理,了解设计框架,明确自己要做的工作。	
	第二天	（1）安装"所需资源"中"软件资源"对应的软件。 （2）领取或找到项目设计需要用到的 XSRP 软件无线电平台及其各种配件,掌握硬件平台的基本使用方法。 （3）按照设计指南介绍的方法运行提供的案例程序,测试该项目最终的实现效果。	
	第三至第五天	分析设计项目,根据设计指南明确自己所缺的软硬件知识,并做针对性补充。	
	第六至第七天	读懂案例程序的框架及 Matlab 源码,按照设计指南的要求编写核心部分 Matlab 程序并进行测试。	
	第八天	与 XSRP 软件无线电平台硬件联调,测试功能,优化指标。	
	第九天	编写项目设计报告。	
	第十天	修改项目设计报告,打印项目设计报告并提交。	
参考资料	［1］樊昌信,曹丽娜. 通信原理[M]. 7 版. 北京:国防工业出版社,2021. 　［2］张瑾,周原.基于 MATLAB/Simulink 的通信系统建模与仿真[M]. 2 版.北京:北京航空航天大学出版社,2017. 　［3］陈树学,刘萱. LabVIEW 宝典[M].北京:电子工业出版社,2017.		
主要设备	（1）XSRP 软件无线电平台 1 台(包含其全部配件)。 （2）计算机 1 台(装有 Matlab 2012b、LabVIEW 2015)。		

2.2　设计指南

2.2.1　设计任务解读

QPSK 频带通信系统的工作原理示意图如图 2.1 所示。

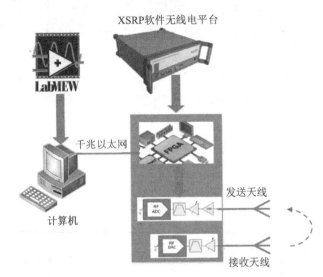

图 2.1　QPSK 频带通信系统工作原理示意图

1. 频带信道产生并写入 WAV 文件

在 Matlab 下编写程序实现本地 WAV 文件数据读取并对读取的数据进行 PCM 编码，然后数据分帧、加 CRC、信道编码、调制映射(QPSK)、添加同步信号、过采样,最后得到 I/Q 信号。生成的 I/Q 信号数据通过以太网发送到 XSRP 软件无线电平台,在软件无线电平台中完成 I/Q 数据的 D/A 转换、上变频载波调制,射频在指定频点将信号通过天线发射出去。无线信号经过空中无线信道,再通过射频的接收天线在对应的频点将数据接收、下变频、低通滤波、A/D 转换,得到 I/Q 信号。接收的 I/Q 信号通过以太网发送到计算机,计算机对 I/Q 信号进行处理,包括帧同步、抽样、相位纠正、解调制映射、信道解码、CRC 校验、数据组帧、信源解码,将还原后的音频数据写入 WAV 文件。

2. 编程与信号识别

本项目需要掌握 Matlab 基本的编程方法,根据算法要求实现特征参数提取,通过 XSRP 软件无线电平台将调制信号自发自收,对接收信号进行自动识别。

3. 设计难度分级

本项目设计共有三级难度(表 2.2),学生可以根据自己的实际情况选择。

表 2.2　设计难度分级

难度级数	任务内容	说明
三级	（1）效果验证。提供了案例程序，打开并运行该程序，可以提前了解项目要求实现的效果。 （2）编写核心代码。案例中实现的核心代码（QPSK 调制解调）已加密，学生看不见程序代码，需要自己编写。 （3）仿真。程序完成后进行软件仿真，确保代码无误后再进行软硬件联调，要求还原音频达到指定要求。	
二级	（1）效果验证。提供了案例程序，打开并运行该程序，可以提前了解项目要求实现的效果。 （2）编写核心代码。案例中实现的核心代码（QPSK 调制解调及添加 CRC）已加密，学生看不见程序代码，需要自己编写。 （3）仿真。程序完成后进行软件仿真，确保代码无误后再进行软硬件联调，要求能接收到正确的星座图。	
一级	只提供项目设计的要求、设备的使用方法、设备调用的接口，不提供任何子模块程序，全部程序和软硬件联调由学生自己完成。	

4. 软件无线电平台使用

本设计要求学生掌握 XSRP 软件无线电平台调用其射频部分、基带部分等的基本使用方法。

2.2.2　设计原理

1. 原理框图

正交相移键控（QPSK）是一种通过转换或调制来传送数据的调制方法，基准信号（载波）的定相有时也称为第四期或者四相 PSK 或四相位预共享密钥（4-PSK）。QPSK 利用星座图圆周上均匀分布的四个点，通过四个相位将每个符号编码为两个比特位，用格林码表示，以将误比特率降至最低——有时会被误解为是二进制相移键控（BPSK）误比特率的两倍。其实现原理框图如图 2.2 所示。

图 2.2 中，射频收发部分，即 XSRP 软件无线电平台的射频部分；基带处理部分，即 XSRP 软件无线电平台的基带部分；算法实现部分，在计算机中实现。

XSRP 软件无线电平台＝机箱+射频部分+基带部分+配件（电源线、网线、USB 线、天线等）。

本设计要求学生完成 QPSK 调制解调及计算 CRC 模块。下面主要对 QPSK 调制和 CRC 的原理进行重点分析。

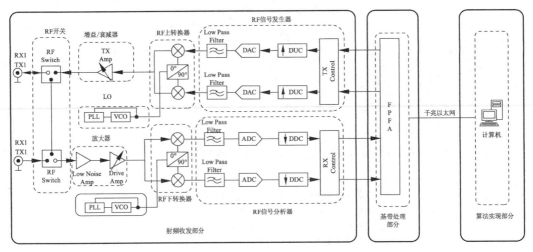

图 2.2　QPSK 频带系统实现原理框图

星座图中规定了星座点与传输比特间的对应关系，这种关系称为"映射"。一种调制技术的特性可由信号分布和映射完全定义，即可由星座图完全定义。四相移调制是利用载波的 4 种不同相位差来表征输入的数字信息，是四进制移相键控。QPSK 是在调制阶数 $M=4$ 时的调相技术，它规定了 4 种载波相位，分别为 45°,135°,225°,315°。调制器输入的数据是二进制数字序列，为了能与四进制的载波相位配合，需要将二进制数据变换为四进制数据，也就是说，需要把二进制数字序列中每两个比特分成一组，共有 4 种组合，即 00,01,10,11,其中每一组称为双比特码元。每一个双比特码元由两位二进制信息比特组成，分别代表四进制 4 个符号中的一个符号。QPSK 中每次调制可传输 2 个信息比特，这些信息比特是通过载波的 4 种相位来传递的。解调器根据星座图及接收到的载波信号的相位来判断发送端发送的信息比特。

首先将输入的串行二进制信息序列经串-并变换，变成 $m=\log_2 M$ 个并行数据流，其中每一路的数据率是 R/m（R 是串行输入码的数据率）。I/Q 信号发生器将每一个 m 比特的字节转换成两路速率减半的序列，电平发生器分别产生双极性二电平信号 $I(t)$ 和 $Q(t)$，然后对 $\sin \omega_c t$ 和 $\cos \omega_c t$ 进行调制，相加后即得到 QPSK 信号。

循环冗余校验（Cyclic Redundancy Check，CRC）是一种根据网络数据包或计算机文件等数据产生简短固定位数校验码的一种散列函数，主要用来检测或校验数据传输或者保存后可能出现的错误。它是利用除法及余数的原理来进行错误侦测的。

假设数据传输过程中需要发送 15 位的二进制信息 $g=101001110100001$，这串二进制码可表示为代数多项式 $g(x)=x^{14}+x^{12}+x^9+x^8+x^7+x^5+1$，$g$ 中第 k 位的值对应于 $g(x)$ 中 x^k 的系数。将 $g(x)$ 乘以 x^m，即将 g 后加 m 个 0，然后除以 m 阶多项式 $h(x)$，得到 $(m-1)$ 阶余项 $r(x)$ 对应的二进制码 r 就是 CRC 编码。

2. 功能验证

Step1:将设备串口和计算机串口相连（计算机最好不要再接其他要用串口的设备），

设备网口和计算机网口相连,将设备网口的 IP 地址设置成当前计算机的 IP 地址。

Step2:打开"基于软件无线电平台的 QPSK 频带通信系统设计"实验对应的程序源码,找到"QPSK_Main.vi"文件并打开,如图 2.3 所示。

图 2.3　QPSK_Main.vi 文件所在位置

注意:所有的程序代码都要保存在非中文路径下。

Step3:打开"QPSK_Main.vi"文件后弹出如图 2.4 所示主界面。

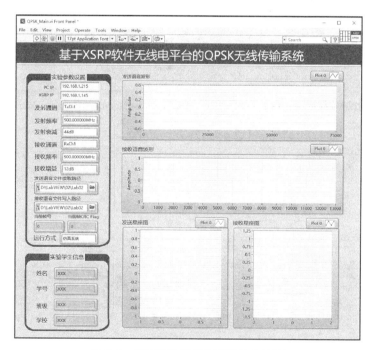

图 2.4　QPSK 无线传输系统的主界面

Step4:选择发送语音文件的读取路径,如图 2.5 所示。

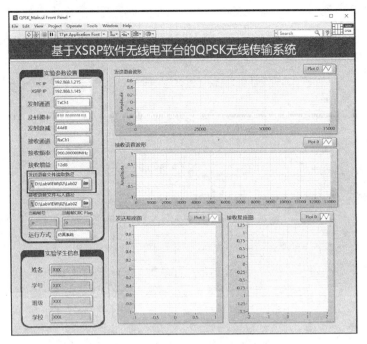

图 2.5　选择发送语音文件的读取路径

Step5：找到程序目录下的"Windows XP.wav"文件,作为发送语音文件,如图 2.6 所示。

图 2.6　选择发送的语音文件内容

Step6：选择接收语音文件的写入路径,如图 2.7 所示。

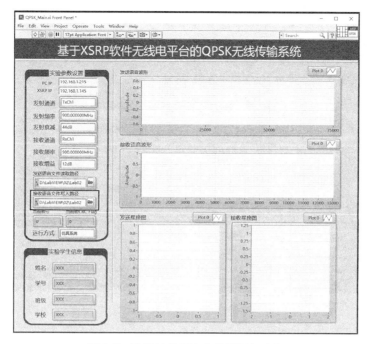

图 2.7　选择接收语音文件的写入路径

Step7：找到程序目录下的"decodwav.wav"文件，作为发送语音文件，如图 2.8 所示。

图 2.8　寻找 decodwav.wav 文件

Step8：运行方式配置为"仿真系统"，单击"运行"按钮 ，运行结束后出现图 2.9 所示界面。

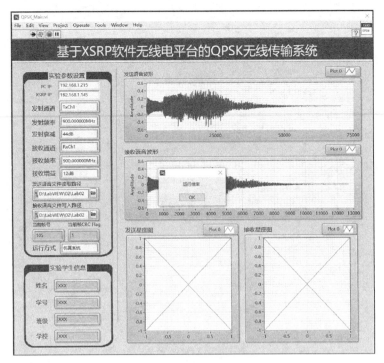

图 2.9　仿真系统运行结束界面

Step9：当前帧号为 105，CRC Flag 为 1，说明 105 帧号 CRC 校验正确，如图 2.10 所示。

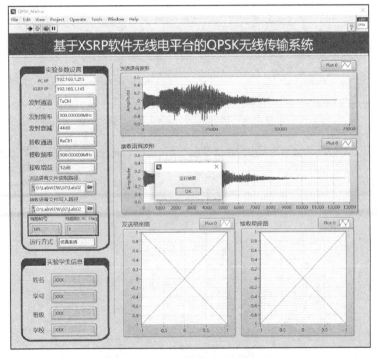

图 2.10　帧号和 CRC 所在位置

Step10：比较发送语音波形和接收语音波形，可以发现接收语音波形未出现失真，如图 2.11 所示。

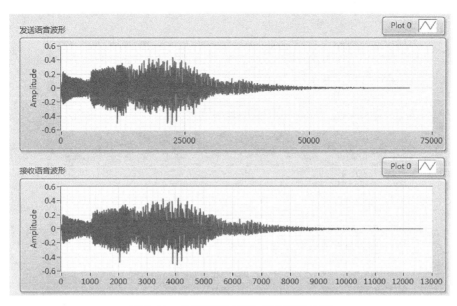

图 2.11　发送语音波形和接收语音波形

Step11：将发射衰减改为 34 dB，接收增益改为 15 dB，切换运行方式为"真实系统"，单击"运行"按钮 ，运行结束的界面如图 2.12 所示。

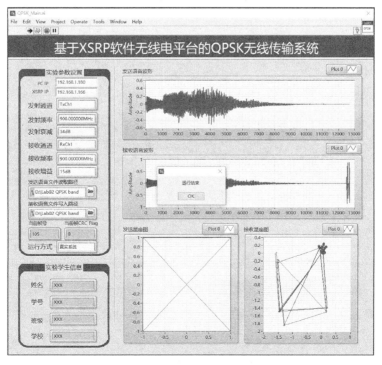

图 2.12　真实系统运行结果界面

Step12:当前帧号为 105,CRC Flag 为 0,说明 105 帧号 CRC 校验错误,如图 2.13
所示。

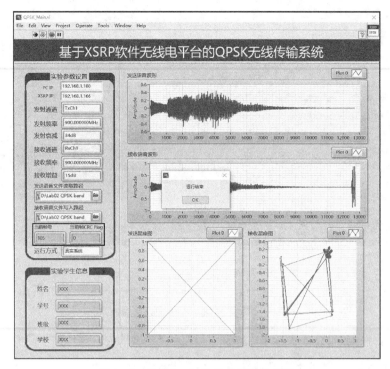

图 2.13　帧号和 CRC 校验显示的位置

Step13:比较发送语音波形和接收语音波形,可以发现波形后半部分出现失真,如图
2.14 所示。

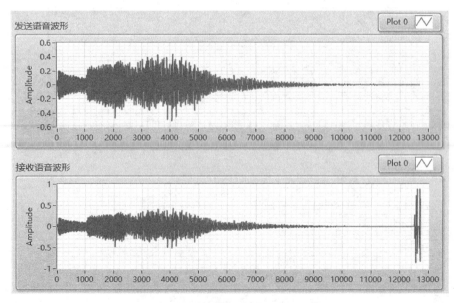

图 2.14　发送语音波形和接收语音波形

3. 程序解读

本项目设计的程序解读流程图如图 2.15 所示。

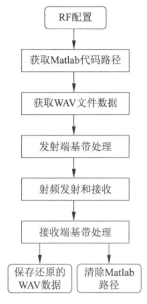

图 2.15　程序解读流程图

图 2.15 表明,本项目设计的程序设计分为七大模块。其中,RF 配置模块、获取 Matlab 代码路径模块、射频发射和接收模块、清除 Matlab 路径模块都已经提供程序,学生不需要编写,只需要理解已提供模块的功能及其在整个系统框架中的作用。

(1) RF 配置模块(图 2.16)

① 名称:RFConfig.vi。

② 功能:配置 XSRP 的硬件的射频发射和接收参数。

③ 输入参数:发射参数(发射通道、发射频率、发射衰减);接收参数(接收通道、接受频率、接收增益);错误输入。

④ 输出参数:错误输出。

⑤ 位置:在文件夹"SDR_AMR"下的".\LabviewSubVI\RFConfig\RFConfig.vi"中。

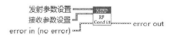

图 2.16　RF 配制模块

(2) 获取 Matlab 代码路径模块(图 2.17)

① 名称:GetMatlabCodePath.vi。

② 功能:获取 MatlabCode 文件夹所在的路径。

③ 输入参数:无。

④ 输出参数:MatlabCodePath(Matlab 代码路径)。

⑤ 位置:在文件夹"SDR_AMR"下的".\LabviewSubVI\GetMatlabCodePath.vi"中。

图 2.17　获取 Matlab 代码路径模块

（3）清除 Matlab 代码路径缓存模块（图 2.18）

① 名称：MatlabPathClear.vi。

② 功能：清除执行 Matlab 代码所加入的路径缓存。

③ 输入参数：Path（Matlab 代码路径）和错误输入。

④ 输出参数：错误输出。

⑤ 位置：在文件夹"SDR_AMR"下的".\LabviewSubVI\MatlabPathClear.vi"中。

图 2.18　清除 Matlab 代码路径缓存模块

4. 程序设计

本设计程序设计的整体框图如图 2.19 所示。

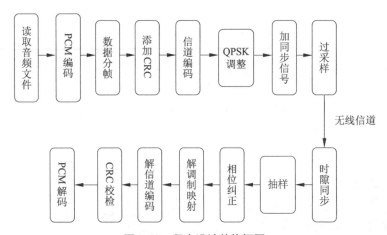

图 2.19　程序设计整体框图

（1）程序设计模块

本设计中程序设计的所有模块都已经提供，其对应的 VI 名称分别如下：GetVoiceData.vi、PCM_encode.vi、DivFrame.vi、txCRCattach.vi、TxTrchCoder.vi、txMod.vi、txAddSyncSig.vi、PulseShaper.vi、RFchannel.vi、DeSync.vi、DownSample.vi、APcorrect.vi、rxDemode.vi、rxTrchDecoder.vi、rxCRC.vi、PCM_decode.vi、WriteVoiceData.vi。

学生需要理解每个模块在系统中的作用，并使用模块搭建完整的通信系统。

1）获取音频数据模块（图 2.20）。

① 名称：GetVoiceData.vi。

② 功能：读取本地 WAV 文件数据。

③ 输入参数：Matlab 代码路径；WAV 文件路径；错误输入。

④ 输出参数:Matlab 代码路径;WAV 文件数据;音频数据采样率;错误输出。

⑤ 位置:在项目设计文件夹下的“.\LabviewSubVI\GetVoiceData.vi”中。

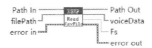

图 2.20　获取音频数据模块

2) PCM 编码模块(图 2.21)。

① 名称:PCM_encode.vi。

② 功能:对数据进行 PCM 编码。

③ 输入参数:Matlab 代码路径;音频数据;音频数据采样率;错误输入。

④ 输出参数:Matlab 代码路径;以 4000 Hz 采样后的数据(未用到);13 折线编码后的数据;错误输出。

⑤ 位置:在项目设计文件夹下的“.\LabviewSubVI\PCM_encode.vi”中。

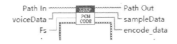

图 2.21　PCM 编码模块

3) 分帧模块(图 2.22)。

① 名称:DivFrame.vi。

② 功能:根据信道容量对数据进行分帧(本项目设计中信道容量为 960 个数据点)。

③ 输入参数:要分帧的数据。

④ 输出参数:分帧后的数据。

⑤ 位置:在项目设计文件夹下的“.\LabviewSubVI\DivFrame.vi”中。

图 2.22　分帧模块

4) 添加 CRC 模块(图 2.23)。

① 名称:txCRCattach.vi。

② 功能:对输入数据添加 CRC。

③ 输入参数:Matlab 代码路径;要添加 CRC 的数据;错误输入。

④ 输出参数:Matlab 代码路径;添加 CRC 后的数据;错误输出。

⑤ 位置:在项目设计文件夹下的“.\LabviewSubVI\ OFDM_TxTrchCoder.vi”中。

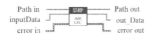

图 2.23　CRC 模块

5) 信道编码模块(图 2.24)。

① 名称:txTrchCoder.vi。

② 功能:对输入的信源比特按照信道编码方式进行 1/2 卷积编码。

③ 输入参数:Matlab 代码路径;要编码的数据;错误输入。

④ 输出参数:Matlab 代码路径;编码后的比特数据;错误输出。

⑤ 位置:在项目设计文件夹下的".\LabviewSubVI\ TxTrchCoder.vi"中。

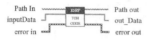

图 2.24　信道编码模块

6) 调制映射模块(图 2.25)。

① 名称:txMod.vi。

② 功能:对输入的比特数据按照 QPSK 产生映射后符号数据。

③ 输入参数:Matlab 代码路径;要调制的数据;错误输入。

④ 输出参数:Matlab 代码路径;调制映射后符号数据;错误输出。

⑤ 位置:在项目设计文件夹下的".\LabviewSubVI\ txMod.vi"中。

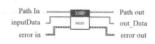

图 2.25　调制映射模块

7) 添加同步码模块(图 2.26)。

① 名称:TxAddSyncSig.vi。

② 功能:对输入数据添加同步码。

③ 输入参数:Matlab 代码路径;输入数据;错误输入。

④ 输出参数:Matlab 代码路径;添加同步码后的数据;错误输出。

⑤ 位置:在项目设计文件夹下的".\LabviewSubVI\ TxAddSyncSig.vi"中。

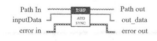

图 2.26　添加同步码模块

8) 过采样模块(图 2.27)。

① 名称:PulseShaper.vi。

② 功能:对输入数据进行过采样。

③ 输入参数:Matlab 代码路径;输入数据;错误输入。

④ 输出参数:Matlab 代码路径;过采样后的数据;错误输出。

⑤ 位置:在项目设计文件夹下的".\LabviewSubVI\ PulseShaper.vi"中。

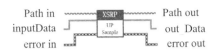

图 2.27　过采样模块

9）I/Q 信号发送接收（或射频收发）模块（图 2.28）。

① 名称：RFchannel.vi。

② 功能：将基带 I/Q 信号发送给 XSRP，在 XSRP 中进行 D/A 转换、上变频、天线发射、天线接收、下变频、A/D 转换，最后得到接收的 I/Q 信号。

③ 输入参数：Matlab 代码路径；输入数据；错误输入。

④ 输出参数：Matlab 代码路径；待发送 I/Q 数据 tx_data；错误输出。

⑤ 位置：在项目设计文件夹下的“.\LabviewSubVI\ RFchannel.vi”中。

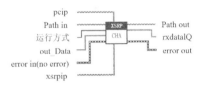

图 2.28　I/Q 信号发送接收（或射频收发）模块

10）时隙同步模块（图 2.29）。

① 名称：DeSync.vi。

② 功能：根据同步码对信号进行时隙同步。

③ 输入参数：Matlab 代码路径；输入数据；错误输入。

④ 输出参数：Matlab 代码路径；同步后的数据；错误输出。

⑤ 位置：在项目设计文件夹下的“.\LabviewSubVI\ DeSync.vi”中。

图 2.29　时隙同步模块

11）降采样模块（图 2.30）。

① 名称：DownSample.vi。

② 功能：对数据进行降采样，即抽样。

③ 输入参数：Matlab 代码路径；输入数据；错误输入。

④ 输出参数：Matlab 代码路径；降采样后的数据；错误输出。

⑤ 位置：在项目设计文件夹下的“.\LabviewSubVI\ DownSample.vi”中。

图 2.30　降采样模块

12）相位纠正模块（图 2.31）。

① 名称：APcorrect.vi。

② 功能：对传输过程中产生的相位偏移进行纠正。

③ 输入参数：Matlab 代码路径；输入数据；错误输入。

④ 输出参数：Matlab 代码路径；相位纠正后的数据；错误输出。

⑤ 位置：在项目设计文件夹下的".\LabviewSubVI\ APcorrect.vi"中。

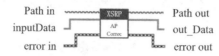

图 2.31　相位纠正模块

13）解调模块（图 2.32）。

① 名称：rxDemode.vi。

② 功能：对数据进行解调。

③ 输入参数：Matlab 代码路径；纠正相位偏移后的数据；错误输入。

④ 输出参数：Matlab 代码路径；解调后的数据；错误输出。

⑤ 位置：在项目设计文件夹下的".\LabviewSubVI\ rxDemode.vi"中。

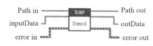

图 2.32　解调模块

14）信道纠错模块（图 2.33）。

① 名称：rxTrchDecoder.vi。

② 功能：对输入数据进行纠错。

③ 输入参数：Matlab 代码路径；输入数据；错误输入。

④ 输出参数：Matlab 代码路径；纠错后的数据；错误输出。

⑤ 位置：在项目设计文件夹下的".\LabviewSubVI\ rxTrchDecoder.vi"中。

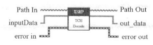

图 2.33　信道纠错模块

15）CRC 校验模块（图 2.34）。

① 名称：rxCRC.vi。

② 功能：对输入数据进行 CRC 校验并去除 CRC。

③ 输入参数：Matlab 代码路径；输入数据；错误输入。

④ 输出参数：Matlab 代码路径；校验结果；去除 CRC 后的数据；错误输出。

⑤ 位置：在项目设计文件夹下的".\LabviewSubVI\ rxCRC.vi"中。

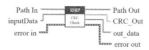

图 2.34　CRC 校验模块

16）PCM 解码模块（图 2.35）。

① 名称:PCM_decode.vi。

② 功能:将 PCM 编码后数据还原。

③ 输入参数:Matlab 代码路径;PCM 编码数据;错误输入。

④ 输出参数:Matlab 代码路径;还原后的数据;错误输出。

⑤ 位置:在项目设计文件夹下的".\LabviewSubVI\ PCM_decode.vi"中。

图 2.35　PCM 解码模块

17）存储 WAV 文件模块（图 2.36）。

① 名称:WriteVoiceData.vi。

② 功能:保存数据为 WAV 格式。

③ 输入参数:Matlab 代码路径;保存数据路径;要保存的数据;错误输入。

④ 输出参数:Matlab 代码路径;错误输出。

⑤ 位置:在项目设计文件夹下的".\LabviewSubVI\ WriteVoiceData.vi"中。

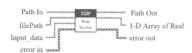

图 2.36　存储 WAV 文件模块

（2）学生任务

在 QPSK 调制实验中学生要完成的任务如下:① 对数据进行 QPSK 符号映射与解映射;② 对数据添加 CRC。这 2 个任务可分别由 2 名学生完成。

1）学生任务 1。

① QPSK 符号映射函数"txMod.m",其路径位置为".\MatlabCode\ txMod.m",如图 2.37 所示。

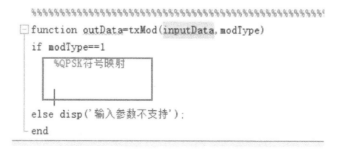

图 2.37　QPSK 符号映射函数存放位置图

② 将输入数据根据 QPSK 映射规则进行相应转换。

③ QPSK 解映射函数"rxDemod.m",其路径位置为".\MatlabCode\ rxDemod.m",如图 2.38 所示。

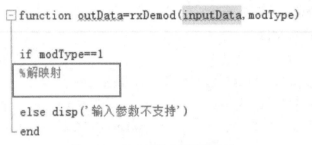

```
function outData=rxDemod(inputData,modType)

    if modType==1
    %解映射

    else disp('输入参数不支持')
    end
```

图 2.38 QPSK 解映射函数位置

④ 学生需将输入数据做 QPSK 解映射。

2) 学生任务 2。

① 添加 CRC 函数"txCRCattach.m",其路径位置为".\MatlabCode\ txCRCattach.m,如图 2.39 所示。

```
function [out_data] = txCRCattach(input_data, crc_num)
input_num = length(input_data);
%% 变量初始化
out_data = zeros(1, input_num+crc_num);
crcBit = zeros(1, crc_num);
regOut = zeros(1, crc_num);            %#ok

%% 功能实现
switch crc_num
    case 0
        out_data = input_data;
    case 8
        %生成多项式 gD = D8+D7+D4+D3+D1+1
    case 12
        %生成多项式 gD = D12+D11+D2+D2+D1+1
    case 16
        %生成多项式 gD = D16+D12+D5+1
    case 24
        %生成多项式 gD = D24+D23+D6+D5+D1+1
```

图 2.39 CRC 函数位置

② 编写生成多项式为 $g(D) = D^8 + D^7 + D^4 + D^3 + D + 1$ 的 8 位 CRC,即在 case8 处编写(因为程序调用的是 case8)。若有兴趣也可尝试编写 CRC12、CRC16、CRC24。

2.3　资源配置

1.硬件资源

(1) XSRP 软件无线电平台及其相关连接线。

(2) 计算机(操作系统:Windows 7 及其以上;以太网网卡:千兆)。

2.软件资源

(1) LabVIEW 2015。

(2) Matlab 2012b。

(3) XSRP 软件无线电平台无线收发软件与测试软件(需要配合 XSRP 软件无线电平台硬件才能使用)。

2.4　工作安排

本项目设计的工作安排说明如表 2.3 所示。

表 2.3　工作安排说明

阶段	子阶段	主要任务
阶段 1	理解任务,掌握原理,了解框架	通过阅读提供的资料和网上查找的资料,深入理解设计任务,掌握其设计原理,了解其设计框架,明确自己要做的工作。
阶段 2	安装软件,领取设备,验证功能	(1) 安装"所需资源"中"软件资源"对应的软件。 (2) 领取或找到项目设计需要用到的 XSRP 软件无线电平台及其各种配件,掌握硬件平台的基本使用方法。 (3) 按照本项目设计指南提供的方法运行案例程序,测试该项目最终的实现效果(相当于先看到了实现的效果,再倒过来完成实现的过程。案例中实现的过程 Matlab 代码已加密,学生看不见程序代码,而这正是该项目需要学生完成的)。
阶段 3	补充所缺的知识	[1] 张瑾,周原.基于 MATLAB/Simulink 的通信系统建模与仿真[M]. 2 版.北京:北京航空航天大学出版社,2017. [2] 陈树学,刘萱. LabVIEW 宝典[M].北京:电子工业出版社,2017.
阶段 4	读懂案例的框架,编写核心部分程序	(1) 读懂案例程序。 (2) 在 Matlab 下删掉要求完成的函数文件(.p 文件),自己完成函数功能的实现。
阶段 5	软硬件联调	将编写好的 Matlab 程序保存,打开 LabVIEW 主程序与 XSRP 软件无线电平台硬件进行联调,测试其功能,并优化效果。
阶段 6	编写项目设计报告	按照任务书中的相关要求认真编写项目设计报告,完成后打印并提交。

项 目 3

基于软件无线电平台的无线电监测系统设计

3.1 任务书

本项目设计的任务书说明如表 3.1 所示。

表 3.1 任务书说明

任务书组成	说明
设计题目	基于软件无线电平台的无线电监测系统设计
设计目的	(1) 巩固"通信原理"及"数字信号处理"等专业课理论知识。 (2) 掌握通过 LabVIEW 软件和 XSRP 软件无线电平台设计融合创新应用系统的方法。
设计内容	(1) 通过 XSRP 软件无线电平台接收指定频点的无线信号,将无线信号采集为 I/Q 信号之后,经过 FPGA 将数据通过千兆网络传输给计算机,在计算机上编程,计算信号频谱。 (2) 掌握 LabVIEW 基本编程方法,在 LabVIEW 下编写程序。本项目提供了案例程序,打开并运行该程序,可提前了解项目要求实现的效果。 (3) 案例中已经对程序代码加密,需要学生自己编写。根据实验原理编写程序,再进行软硬件联调(需要掌握 XSRP 软件无线电平台的使用方法)。
设计要求	1. 功能要求 (1) 基于 XSRP 软件无线电平台,设计一个无线电监测系统,要求通过外置的 FM 音频发射器发射信号,被 XSRP 软件无线电平台接收信号并且分析 FM 发射器信号的所在频率。 (2) 编写 LabVIEW 程序,要求前面板有接信号的时域和频域波形显示。 (3) 与 XSRP 软件无线电平台联调,要求变换无线信号发射设备的频率和软件显示信号频谱一一对应。 2. 指标要求 (1) 接收频率:88~108 MHz,频率可以设置,步进为 100 kHz。 (2) 接收增益:可设置,范围为 0~40 dB。 (3) 设备 IP 地址:可修改。 (4) 带宽支持:7.5 MHz、15 MHz、30 MHz。
设计报告	1. 项目报告格式 按照学校要求的统一格式,提交一份纸质版的项目设计报告。设计报告正文的字体要求:大标题采用小三号宋体,小标题采用四号宋体,内容采用小四号宋体;行间距为 1.5 倍;设计报告从正文开始编页码;左侧装订;设计报告不少于 25 页。

续表

任务书组成	说明
设计报告	2. 项目设计报告内容 （1）封面； （2）项目设计任务书； （3）考核表； （4）摘要、关键词； （5）目录； （6）正文（包括需求分析、总体设计、详细设计、系统调试、设计结果、设计总结等部分）； （7）参考文献； （8）附录（包括原理图、流程图、程序等）。

时间安排	起止时间	工作内容
	第一天	通过阅读提供的资料和网上查找的资料，深入理解设计任务，掌握其设计原理，了解其设计框架，明确自己要做的工作。
	第二天	（1）安装"所需资源"中"软件资源"对应的软件。 （2）领取或找到项目设计需要用到的 XSRP 软件无线电平台及其各种配件，掌握硬件平台的基本使用方法。 （3）按照设计指南介绍的方法运行案例程序，测试该项目最终的实现效果。
	第三天	分析设计项目，根据设计指南明确自己所缺的软硬件知识，并做针对性补充。
	第四至第七天	读懂案例程序的框架，按设计指南的要求编写核心部分的程序并进行测试。
	第八天	与 XSRP 软件无线电平台硬件联调，测试其功能，并优化指标。
	第九天	编写项目设计报告。
	第十天	修改项目设计报告，打印项目设计报告并提交。

参考资料	［1］樊昌信,曹丽娜. 通信原理［M］. 7 版.北京:国防工业出版社,2021. ［2］陈树学,刘萱. LabVIEW 宝典［M］.北京:电子工业出版社,2017.
主要设备	（1）XSRP 软件无线电平台 1 台（包含其全部配件）。 （2）计算机 1 台（装有 LabVIEW 2015 等软件）。 （3）FM 音频发射器 1 个。

3.2 设计指南

3.2.1 设计任务解读

无线电监测系统的工作原理示意图如图 3.1 所示。

1. 信号频谱计算

FM 音频发射器发射的无线信号由 XSRP 软件无线电平台通过配置中心频率及带宽接收,并将其采集为 I/Q 信号之后,经过 FPGA 将数据通过千兆网络传输给计算机,在计算机上编程,取 I/Q 信号中的 I 路或 Q 路进行频谱计算。为了获取更宽的带宽,本项目设计采用获取多段频谱进行拼接的方法,具体见"设计原理"部分。

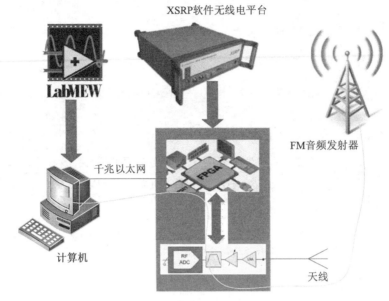

图 3.1 无线电监测系统工作原理示意图

2. 编写程序

本项目设计中学生需要掌握 LabVIEW 的基本编程方法,在 LabVIEW 下编写相关程序,通过 XSRP 软件无线电平台软硬件结合的方式实现无线电监测。

3. 设计难度分级

本项目设计共有三级难度(表 3.2),学生可以根据自己的实际情况选择。

表 3.2 设计难度分级

难度级数	任务内容	说明
三级	(1) 效果验证。提供了案例程序,打开并运行该程序,可以提前了解项目要求实现的效果。 (2) 编写程序。提供了案例实现的代码,学生需要根据设计要求,理解和参考案例代码,完成代码的编写。	
二级	(1) 效果验证。提供了案例程序,打开并运行该程序,可以提前了解项目要求实现的效果。 (2) 编写程序。案例程序中部分模块已加密,学生看不见源码,需要自己编程实现封装的模块功能。	本项目设计按此难度级数介绍相关内容
一级	只提供项目设计的要求、设备的使用方法、设备调用的接口,不提供任何子模块程序,全部程序的编号和软硬件联调由学生自己完成。	

4. 软件无线电平台使用

本设计中学生需要掌握 XSRP 软件无线电平台调用其射频部分、基带部分等的基本使用方法。

3.2.2　设计原理

1. 原理框图

无线电频谱作为一种有限的自然资源,是人类社会和经济发展的物质基础。随着通信事业的发展,电磁环境日益恶劣,各种突发性的干扰破坏了正常的通信秩序。无线电监测系统的主要任务是,通过无线电监测保护无线电频谱资源不被非法占用,保护无线电通信的畅通。

本设计利用 XSRP 软件无线电设备对外界无线信号进行无线接收,并对信号进行频谱计算,以获得空间无线信号频率的分布情况。

接收无线信号后在 XSRP 软件无线电平台进行 LNA(低噪声放大:放大微弱信号并有效抑制噪声)、模拟下变频、低通滤波、A/D 转换,得到基带 I/Q 信号,FPGA 将基带 I/Q 信号输出到计算机,在计算机上对信号进行频谱计算。其实现原理框图如图 3.2 所示。

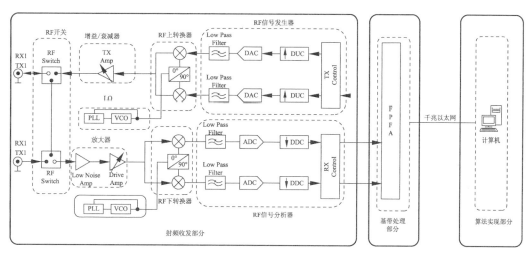

图 3.2　无线电监测系统实现原理框图

图 3.2 中,射频收发部分,即 XSRP 软件无线电平台的射频部分;基带处理部分,即 XSRP 软件无线电平台的基带部分;算法实现部分,在计算机中实现。

XSRP 软件无线电平台＝机箱+射频部分+基带部分+配件(电源线、网线、USB 线、天线等)。

2. 实现原理

天线接收的空间无线信号包含各种频率成分,经过下变频后载波信号的频率降低(相当于对原有信号的频率进行搬移)。

例如,天线接收的信号频率包含 300 MHz、305 MHz、310 MHz,载波频率为 300 MHz,经过下变频及低通滤波之后的信号频率分别为 0 MHz、5 MHz、10 MHz。

本设计中 XSRP 对应的基带 I/Q 信号的采样率为 15.36 MS/s,对应的基带 I/Q 信号的带宽理论值最大为 7.68 MHz。该带宽对于一般的应用基本够用,若特殊情况需要更宽的带宽,传统仪器则很难实现,但通过 XSRP 结合 LabVIEW 软件编程可实现频带的扩展。

本设计的频谱带宽支持 7.5 MHz、15 MHz、30 MHz。其实现原理:基带信号的带宽 $B_0 = 7.68$ MHz,若中心频率 $F = 300$ MHz,则频谱带宽 $B = 15$ MHz。

Step1:带宽扩展。由于基带信号的带宽为 7.68 MHz,需要的频谱带宽为 15 MHz,因而需要将两段带宽为 7.68 MHz 的信号频谱拼接在一起。

Step2:第一次载波频率配置为 $F - B/2 - (B_0 - 7.5)$。

Step3:对其中一段频谱信号进行计算后,只取后 7.5 MHz 频段的信号,前 0.18 MHz 频段的信号丢弃,即可得到带宽为 7.5 MHz 的频谱。

Step4:第二次载波频率配置为 $F - B/2 - (B_0 - 7.5) + 7.5$。

Step5:对另一段频谱信号进行计算后,只取后 7.5 MHz 频段的信号,前 0.18 MHz 频段的信号丢弃,即可得到带宽为 7.5 MHz 的频谱。

Step6:将 Step3 和 Step5 求得的两段频谱进行拼接,即可得到带宽为 15 MHz 的频谱。

根据上述方法,理论上可以获取更宽带宽的频谱,但是获得更宽带宽的频谱意味着需要用更多的时间去采集、处理。本设计以采集 30 MHz 带宽信号为例,提供一种通过拼接频谱来获取更宽带宽的方法。

3. 功能验证

Step1:将设备串口和计算机串口相连(计算机最好不要再连接其他需要用串口的设备),设备网口和计算机网口相连,将设备网口的 IP 地址设置成当前计算机的 IP 地址。

Step2:打开“基于软件无线电平台的无线电监测系统设计”对应的程序源码,找到“FrequencySpectrumDetector_Main.vi”文件并打开,如图 3.3 所示。

图 3.3　找到 FrequencySpectrumDetecter_Main 文件

注意:所有的程序代码都要保存在非中文路径下。

Step3:打开“FrequencySpectrumDetector_Main.vi”文件后弹出如图 3.4 所示界面。

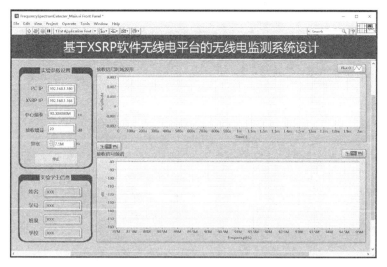

图 3.4　无线电监测系统界面

Step4:把计算机和 XSRP 的 IP 地址改成对应的 IP 地址,配置中心频率为 90 MHz,接收增益为20 dB,带宽选择 7.5 MHz,单击"开始"运行程序。开启 FM 发射机,调节变换其频率,观察程序界面"接收信号频谱"的波形图,如图 3.5 所示。

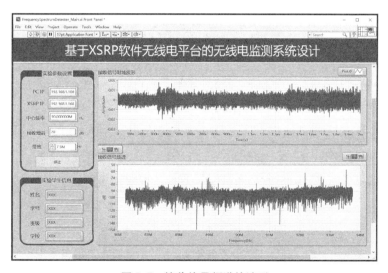

图 3.5　接收信号频谱的波形

4. 程序解读

查找计算机的串口及网口资源程序并初始化,如图 3.6 所示。

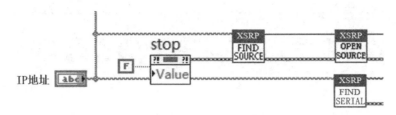

图3.6 查找计算机的串口及网口资源程序

配置接收天线的增益参数程序,如图3.7所示。

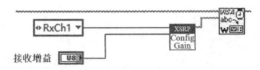

图3.7 配置接收天线的增益参数程序

获取数据采集参数及计算采样样点时间间隔dt,如图3.8所示。

采集参数释义如下:

(1)采集模式:SingleMode,单次采集。

(2)采集UDP包数:128。

(3)UDP包的大小:240,即每个UDP包的字节数为240×4＝960。由 B 和 C 的参数可得,单次采集的字节数总共为128×(240×4)＝30720。

(4)分频系数:1,分频后的采样率计算公式为30720000/ $(x+1)$,其中 x 为配置的分频系数,即得采样率为30720000/(1+1)＝15360000。

注意:上述参数配置无须更改,保持默认即可。

图3.8 获取数据采集参数及采样样点时间间隔 dt 的程序

根据中心频率及带宽配置值计算载波频率,如图3.9所示。

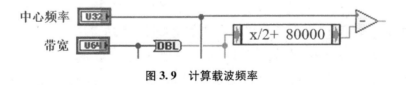

图3.9 计算载波频率

根据载波频率值配置XSRP硬件的射频接收频率,如图3.10所示。

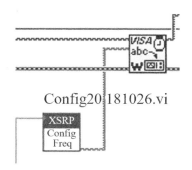

图 3.10　配置射频接收频率

接收 XSRP 设备的基带 I/Q 数据并取其一路(I 路)数据,如图 3.11 所示。

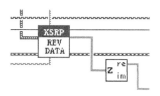

图 3.11　从 I/Q 信号中中取 I 路数据

计算信号的频谱,并提取后 7.5 MHz 的频段,如图 3.12 所示。

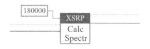

图 3.12　7.5 MHz 的频段提取

拼接并显示多段信号时域波形,如图 3.13 所示。

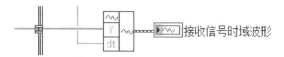

图 3.13　拼接并显示多段信号时域波形

拼接并显示多段信号频域波形,如图 3.14 所示。

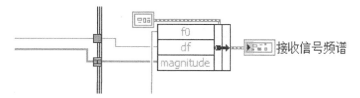

图 3.14　拼接并显示多段信号频域波形

释放串口及网口的资源,如图 3.15 所示。

图 3.15 释放串口及网口的资源

5. 程序设计

程序模块 CalcSpecture.vi（图 3.16）的功能需要学生编程实现。编程完成后删除此 VI 模块，替换为自己编写的程序。

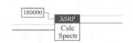

图 3.16 CalcSpecture.vi 程序模块

输入、输出参数释义，如图 3.17 所示。

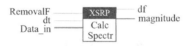

图 3.17 输入、输出参数释义

（1）输入参数 RemovalF：去除频率范围，此参数配置为 180000，即去掉 7.68 MHz 的前 0.18 MHz 频段中频段。

（2）输入参数 dt：采样样点时间间隔。

（3）输入参数 data_in：待计算频谱的时域信号。

（4）输出参数 df：频域数据样点间的频率间隔。

（5）输出参数 magnitude：频谱的样点幅值。

程序设计的主要步骤如下：

Step1：根据 data_in 和 dt 值计算信号的频谱。

Step2：根据 RemovalF 和 df 值，计算 RemovalF 频段范围需要去除的频谱样点个数。

Step3：根据 Step2 计算得到的样点个数 N，去除 magnitude 的前 N 个样点（即去除 0～7.68 MHz 频段的前 0.18 MHz 频段，留其后的 7.5 MHz 频段）。

3.3 资源配置

1. 硬件资源

（1）XSRP 软件无线电平台及其相关连接线。

（2）FM 音频发射器。

（3）计算机（操作系统：Windows 7 及其以上；以太网网卡：千兆）。

2.软件资源

（1）LabVIEW 2015。

（2）XSRP 软件无线电平台无线收发软件与测试软件（需要配合 XSRP 软件无线电平台硬件才能使用）。

3.4　工作安排

本项目设计的工作安排说明如表 3.3 所示。

表 3.3　工作安排说明

阶段	子阶段	主要任务
阶段 1	理解任务，掌握原理，了解框架	通过阅读提供的资料和网上查找的资料，深入理解设计任务，掌握其设计原理，了解其设计框架，明确自己要做的工作。
阶段 2	安装软件，领取设备，验证功能	（1）安装"所需资源"中"软件资源"对应的软件。 （2）领取或找到项目设计需要用到的 XSRP 软件无线电平台及其各种配件，掌握硬件平台的基本使用方法。 （3）按照本设计指南介绍的方法运行提供的案例程序，测试该项目最终的实现效果（相当于先看到了实现的效果，再倒过来完成实现的过程。案例中实现的过程已加密，学生看不见程序代码，而这正是该项目需要学生完成）。
阶段 3	补充所缺的知识	陈树学，刘萱. LabVIEW 宝典［M］.北京:电子工业出版社,2017.
阶段 4	读懂案例的框架，编写核心部分程序	（1）在 LabVIEW 下打开案例程序，删掉已经被封装而无法看到内部程序的子 VI。 （2）编写新的程序（一个或多个），与已经提供的程序对接，测试其功能。
阶段 5	软硬件联调	将编写好的各核心模块程序构建成系统程序，并与 XSRP 软件无线电平台硬件进行联调，测试其功能，并优化效果。
阶段 6	编写项目设计报告	按照任务书中的相关要求认真编写项目设计报告，然后打印并提交。

项目 4

基于软件无线电平台的无线信号录制回放系统设计

4.1 任务书

本项目设计的任务书说明如表 4.1 所示。

表 4.1 任务书说明

任务书组成	说明
设计题目	基于软件无线电平台的无线信号录制回放系统设计
设计目的	(1) 巩固通信原理的基础理论知识,将理论知识应用到实践中。 (2) 通过软硬件结合的方式,构建简单的通信系统并测试该系统的功能。 (3) 掌握通过 LabVIEW 软件和 XSRP 软件无线电平台实现通信系统的方法。
3. 设计内容	(1) 通过 XSRP 软件无线电平台接收汽车遥控器发射的信号,并在软件无线电平台中对数据进行下变频、低通滤波、A/D 转换,生成 I/Q 信号,经过 FPGA 将数据通过千兆网络传输给计算机,在计算机上编程,对该信号进行采集录制并存储,再按下"Play"键将信号通过软件无线电平台发送给无线信号接收设备的继电器开关。 (2) 掌握 LabVIEW 的基本编程方法,在 LabVIEW 下编写程序。本项目设计提供了案例程序,打开并运行该程序,可提前了解项目要求实现的效果。 (3) 案例中效果实现的核心部分程序已被删除,学生需要先读懂提供的程序,然后根据设计功能要求,编写程序补充被删除的设计片段,再进行软硬件联调(需要掌握 XSRP 软件无线电平台的使用方法)。
设计要求	1. 功能要求 (1) 基于 XSRP 软件无线电平台,设计一个无线信号录制回放系统,要求通过汽车遥控器发射无线信号,被 XSRP 软件无线电平台接收以后,将数据传输给计算机进行处理,最后回放遥控器发射的信号,并且可以通过无线电平台再次发送。 (2) 编写 LabVIEW 程序,要求前面板能显示接收到的信号和回放录制信号。 (3) 与 XSRP 软件无线电平台联调,要求能回放遥控器信号且再次发送的信号能使继电器工作。 2. 指标要求 (1) 接收频率:315 MHz。 (2) 接收增益:可设置,范围为 0~40 dB。 (3) 接收通道:可设置。 (4) 接收速率分频系数:可设置。

任务书组成	说明
设计要求	（5）发送频率：315 MHz。 （6）发送衰减：可设置，范围为 0~90 dB。 （7）发送通道：可设置。 （8）发送速率分频系数：可设置。 （9）门限：可设置。 （10）采样总点数：可设置。
设计报告	1. 项目设计报告格式 　　按照学校要求的统一格式，提交一份纸质版的项目设计报告。设计报告正文的字体要求：大标题采用小三号宋体，小标题采用四号宋体，内容采用小四号宋体；行间距为 1.5 倍；设计报告从正文开始编页码；左侧装订；设计报告不少于 25 页。 2. 项目设计报告内容 　　（1）封面； 　　（2）项目设计任务书； 　　（3）考核表； 　　（4）摘要、关键词； 　　（5）目录； 　　（6）正文（包括需求分析、总体设计、详细设计、系统调试、设计结果、设计总结等部分）； 　　（7）参考文献； 　　（8）附录（包括原理图、流程图、程序等）。

时间安排	起止时间	工作内容
	第一天	通过阅读提供的资料，以及网上查找的资料，深入理解设计任务，掌握其设计原理，了解其设计框架，明确自己要做的工作。
	第二天	（1）安装"所需资源"中"软件资源"对应的软件。 （2）领取或找到项目设计需要用到的 XSRP 软件无线电平台及其各种配件，掌握硬件平台的基本使用方法。 （3）按照设计指南介绍的方法运行提供的案例程序，测试该项目最终的实现效果。
	第三至第七天	分析项目设计项目，根据设计指南明确自己所缺的软硬件知识，并做针对性补充。
	第八天	与 XSRP 软件无线电平台硬件联调，测试功能，优化指标。
	第九天	编写项目设计报告。
	第十天	修改项目设计报告，打印项目设计报告并提交。

任务书组成	说明
参考资料	［1］樊昌信，曹丽娜. 通信原理［M］.7 版.北京：国防工业出版社，2021. ［2］张瑾，周原.基于 MATLAB/Simulink 的通信系统建模与仿真［M］.2 版.北京：北京航空航天大学出版社，2017. ［3］陈树学，刘萱.LabVIEW 宝典［M］.北京：电子工业出版社，2017.
主要设备	（1）XSRP 软件无线电平台 1 台（包含其全部配件）。 （2）计算机 1 台（装有 Matlab 2012b、LabVIEW 2015、QuartusII 11.0 等软件）。 （3）汽车遥控器 1 个，无线信号继电器 1 个。

4.2 设计指南

4.2.1 设计任务解读

无线信号录制回放系统的工作原理示意图如图 4.1 所示。

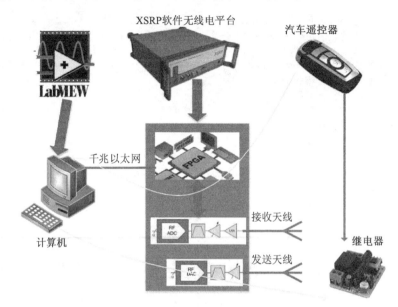

图 4.1 无线信号录制回放系统工作原理示意图

1. 汽车遥控器信号处理

汽车遥控器(一个独立的小设备)发射的无线信号,由 XSRP 软件无线电平台(实验室里的设备)接收,并对数据进行下变频、低通滤波、A/D 转换,生成 I/Q 信号,再经 FPGA 将数据通过千兆以太网传输给计算机,计算机对接收到的遥控信号进行采集录制并存储,再按下"Play"键后信号通过软件无线电平台发送给无线信号接收设备的继电器。

2. 编写程序

本项目设计中学生需要掌握 LabVIEW 的基本编程方法,在 LabVIEW 下编写相关程序,实现通过 XSRP 软件无线电平台接收指定频点的遥控信号(固定为 315 MHz)。

3. 设计难度分级

本项目设计共有三级难度(表 4.2),学生可以根据自己的实际情况选择。

表 4.2　设计难度分级

序号	难度级数	任务内容	说明
1	三级	（1）效果验证。提供了案例程序，打开并运行该程序，可以提前了解项目要求实现的效果。 （2）编写核心程序。案例中核心程序已被封装，学生看不见程序代码，需要自己编写。 （3）程序验证。需要编写程序的部分已经提供了全部子模块程序（子 VI），学生需要先读懂提供的程序，然后把这些提供的子模块程序按正确的方式串接起来，再进行软硬件联调，要求得到和验证方式一样的效果。	本项目设计按此难度级数介绍相关内容
2	二级	（1）效果验证。提供了案例程序，打开并运行该程序，可以提前了解项目要求实现的效果。 （2）编写核心程序。案例中核心程序已被封装，学生看不见程序代码，需要自己编写。 （3）程序验证。需要学生自己编写核心程序，而这些程序是不提供任何子模块程序或参考设计的，要求得到和验证方式一样的效果。	
3	一级	只提供项目设计要求、设备使用方法、设备调用接口，不提供任何子模块程序，全部程序的编写和软硬件联调由自己完成。	

4. 软件无线电平台使用

本项目设计中学生需要掌握 XSRP 软件无线电平台调用其射频部分、基带部分等的基本使用方法。

4.2.2　设计原理

1. 实现原理

首先区分噪声信号与无线信号，由于噪声信号的幅值远小于无线信号的幅值，因而可从幅值的大小来区别这两种信号。设置一个门限值，当出现超过这个门限值的信号时就可认为接收到了无线信号，此时可以判断当前接收到的 UDP 包中样点值的最大值是否大于门限值，若大于门限值，则将该值作为无线信号的起始点，并将其后的一段数据记录下来，因为每个 UDP 包中有 307200 个样点值，所以每次都是从 307200 个样点中找其最大值与门限值比较。为了不漏掉无线信号的数据样点，可以将采集的数据样点数 N 设置得大一些，也就是说，将从大于门限值的样点开始到其后的第 N 个样点数据都保存起来。

2. 功能验证

Step1：将设备串口和计算机串口相连（计算机最好不要再连接其他要使用串口的设备），设备网口和计算机网口相连，将设备网口的 IP 地址设置成当前计算机的 IP 地址。

Step2：打开"基于软件无线电平台的无线信号录制回放系统设计"实验对应的程序源码，找到"WirelessSig_PlayBack"文件并打开，如图 4.2 所示。

图 4. 2　WirelessSig_PlayBack 文件所在位置

注意:所有的程序代码都要保存在非中文路径下。

Step3:打开"WirelessSig_PlayBack"文件后弹出如图 4. 3 所示界面。

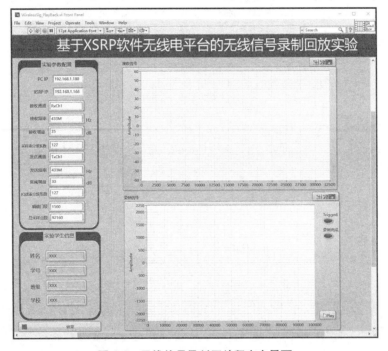

图 4. 3　无线信号录制回放程序主界面

Step4:单击"开始"按钮运行程序,按下汽车遥控器发射无线信号,此时能听到继电器吸合的声音并可看到接收信号的幅值有明显变化,且开始回放录制信号,如图 4. 4 所示。

注意:运行前设备串口的 IP 地址要设置成当前计算机的 IP 地址。

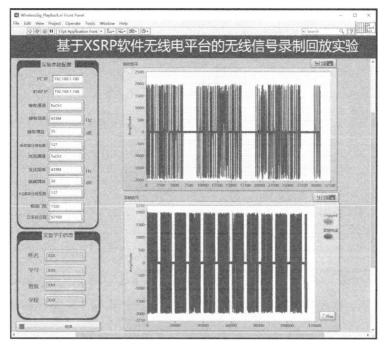

图 4.4　回放录制信号

Step5：按下图 4.5 中画圈处的"Play"按钮可将录制的无线信号通过软件无线电平台发送出去，此时能再次听到继电器吸合的声音。

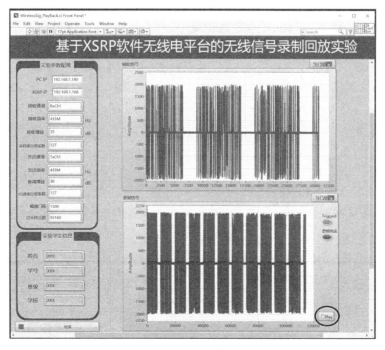

图 4.5　再次听到继电器吸合的声音

3. 程序解读(不需要编程但需要读懂的部分)

本项目设计的程序解读流程如图 4.6 所示。

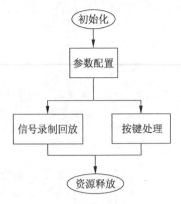

图 4.6 程序解读流程

图 4.6 表明,本项目的程序设计分为 5 个模块。其中,初始化模块、参数配置模块和资源释放模块的程序已经提供,学生需要理解这些程序,否则无法编写数据处理模块的程序。

(1)初始化模块

1)ETH_FindDataSource.vi(图 4.7)。

① 功能:查询是否有 IP 地址与指定 IP 地址匹配的网卡。

② 输入参数:

IPConnectedToDevice:指定要匹配的 IP 地址。

③ 输出参数:与指定 IP 地址匹配的网卡序号。若没有匹配的网卡,则返回-1。

④ 位置:在文件夹"SDR_WirelessSig_PlayBack\SubVi\ETH_SubVIs"中。

图 4.7 ETH_FindDataSource.vi

2)ETH_OpenDataSource.vi(图 4.8)。

① 功能:配置捕获数据包中的哪些部分是否为混杂模式,读取数据超时时间。

② 输入参数:

AdapterIndex:IP 地址匹配的网卡序号。

③ 输出参数:

pcap reference:UDP 引用。

④ 位置:在文件夹"SDR_WirelessSig_PlayBack\SubVi\ETH_SubVIs"中。

图 4.8 ETH_OpenDataSource.vi

（2）参数配置模块

1）RF&FPGARxParaConf.vi（图4.9）。

① 功能：设置接收通道、接收频率、接收增益等。

② 输入参数：

pcap reference in：UDP 引用。

RF_RxPara：接收频率等。

FPGA 采集参数：下行 I/Q 信号传输速率分频系数等。

③ 输出参数：UDP 引用。

④ 位置：文件夹"SDR_WirelessSig_PlayBack\SubVi\RF&FPGAParaConfig"中。

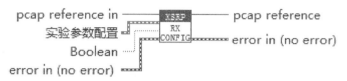

图 4.9 RF&FPGARxParaConf.vi

2）RF&FPGATxParaConf.vi（图4.10）。

① 功能：设置发送通道、发送频率、发送衰减等。

② 输入参数：

GEIndex：UDP 引用。

RF_TxPara：接收频率等。

FPGA_TxPara：上行 I/Q 速率分频系数等输出参数。

③ 位置：在文件夹"SDR_WirelessSig_PlayBack\SubVi\RF&FPGAParaConfig"中。

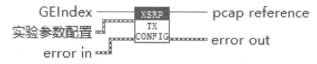

图 4.10 RF&FPGATxParaConf.vi

（3）释放资源模块

1）ETH_ClearDataSource.vi（图4.11）。

① 功能：回收 UDP 通信使用的资源。

② 输入参数：UDP 引用。

③ 位置：在文件夹"SDR_WirelessSig_PlayBack\SubVi\ETH_SubVIs"中。

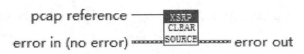

图 4.11　ETH_ClearDataSource.vi

2) Release Queue.vi(图 4.12)。

① 功能:回收队列使用的资源。

② 输入参数:队列引用。

③ 输出参数:

queue name:释放队列名称。

remaining elements:队列中剩余数据。

④ 位置:系统自带 VI。

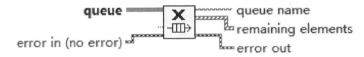

图 4.12　Release Queue.vi

4. 程序设计(需要编程的部分)

录制回放模块(图 4.13 中画圈处)是要编写程序的模块,可根据提供的程序流程(图 4.14)编写。

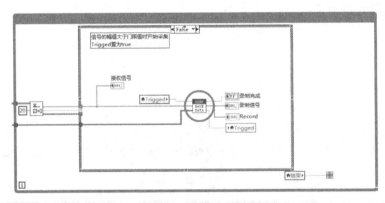

图 4.13　录制回放模块

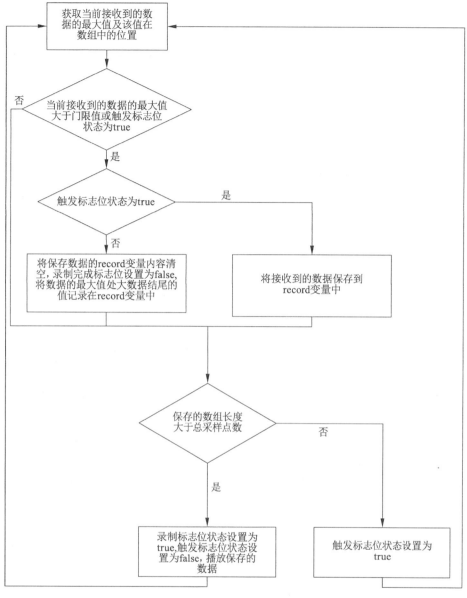

图 4.14　程序流程

4.3　资源配置

1.硬件资源

（1）XSRP 软件无线电平台及其相关连接线。

（2）汽车遥控器，无线信号继电器。

（3）计算机（操作系统：Windows 7 及其以上；以太网网卡：千兆；必须有声卡）。

2.软件资源

(1) LabVIEW 2015。

(2) XSRP 软件无线电平台无线收发软件与测试软件(需要配合 XSRP 软件无线电平台硬件才能使用)。

4.4　工作安排

本设计的工作安排说明见表 4.3 所示。

表 4.3　工作安排说明

阶段	子阶段	主要任务
阶段 1	理解任务,掌握原理,了解框架	通过阅读提供的资料和网上查找的资料,深入理解设计任务,掌握其设计原理,了解其设计框架,明确自己要做的工作。
阶段 2	安装软件,领取设备,验证功能	(1) 安装"所需资源"中"软件资源"对应的软件。 (2) 领取或找到项目设计需要用到的 XSRP 软件无线电平台及其各种配件,掌握硬件平台的基本使用方法。 (3) 按照本项目设计指南中的方法,运行提供的案例程序,测试该项目最终的实现效果(相当于先看到了实现的效果,再倒过来完成实现的过程。案例中核心部分程序已被封装,学生看不见程序代码,而这正是该项目需要学生完成的)。
阶段 3	补充所缺的知识	[1] 陈杰. MATLAB 宝典[M].4 版,北京:电子工业出版社,2013. [2] 陈树学,刘萱. LabVIEW 宝典[M].北京:电子工业出版社,2017.
阶段 4	读懂案例的框架,编写核心部分程序	(1) 在 LabVIEW 下打开案例程序,删掉已经被封装而无法看到内部程序的子 VI。 (2) 编写新的程序(一个或多个),与已经提供的程序对接,然后再测试其功能。
阶段 5	软硬件联调	将编写好的各核心模块程序构建成系统程序,并与 XSRP 软件无线电平台硬件进行联调,测试其功能,并优化效果。
阶段 6	编写项目设计报告	按照任务书的相关要求认真编写项目设计报告,完成后打印并提交。

项目 5

基于软件无线电平台的模拟调制信号
自动识别系统设计

5.1 任务书

本项目设计的任务书说明如表 5.1 所示。

表 5.1 任务书说明

任务书组成	说明
设计题目	基于软件无线电平台的模拟调制信号自动识别系统设计
设计目的	(1) 巩固通信原理的基础理论知识,将理论知识应用到实践中; (2) 通过软硬件结合的方式,构建模拟调制方式自动识别系统; (3) 掌握通过 LabVIEW 软件和 XSRP 软件无线电平台实现通信系统的方法。
设计内容	(1) 随机读取本地 6 种模拟调制信号(AM、DSB、LSB、USB、VSB、FM)的数据,根据测试样本数依次将随机选取的调制方式的数据通过千兆以太网发送到 XSRP 软件无线电平台,在软件无线电平台中完成 I/Q 数据的 D/A 转换、上变频载波调制,射频在指定频点将信号通过天线发射出去。无线信号经过空中无线信道,再通过射频的接收天线在对应的频点将数据接收、下变频、低通滤波、A/D 转换,得到 I/Q 信号。接收的信号通过千兆以太网发送到计算机,在计算机上对接收信号进行特征参数提取,具体包括零中心归一化瞬时幅度之谱密度的最大值、零中心非弱信号瞬时相位绝对值的标准偏差、零中心非弱信号相邻相位差值的标准偏差、谱对称性。再利用 Matlab 神经网络算法的库函数仿真,计算识别信号调制及统计识别正确率。 (2) 运用 Matlab 的基本编程方法及根据相应原理实现对应的算法,最后形成一个完整的系统。本项目设计提供了案例程序,打开并运行该程序,可以提前了解项目要求实现的效果。 (3) 案例中的核心 Matlab 代码已被加密,学生看不见程序源码,需要自己编写。学生需要先读懂不需要修改的程序,然后编写要求的函数程序,再进行软硬件联调(需要掌握 XSRP 软件无线电平台的使用方法)。
设计要求	1. 功能要求 (1) 首先基于 XSRP 软件无线电平台,设计模拟调制自动识别系统,要求可识别的数字调制方式包括 AM、DSB、LSB、USB、VSB、FM,通过发送本地随机调制方式的数据,经过 XSRP 软件无线电的发射接收(自发自收),接收端提取识别所需特征参数;然后其次利用 BP 神经网络算法的库函数仿真,对接收信号的调制方式进行识别;最后统计识别正确率。

任务书组成	说明
设计要求	(2) 编写 Matlab 程序,要求程序可以仿真运行,并且识别正确率达 80% 以上。 　(3) 编写 LabVIEW 程序,要求前面板显示发送的已调信号时域波形和已调信号频域波形。 　(4) 与 XSRP 软件无线电平台联调,要求识别正确率达 80% 以上。 2. 指标要求 　(1) 发射频率:900~1000 MHz,频率可以设置。 　(2) 发送衰减:可设置,范围为 0~90 dB。 　(3) 接收频率:900~1000 MHz,频率可以设置。 　(4) 接收增益:可设置,范围为 0~40 dB。 　(5) 样本数:可设置。 　(6) 识别正确率:不低于 80%。
设计报告	1. 项目设计报告格式 　按照学校要求的统一格式,提交一份纸质版的项目设计报告。设计报告正文的字体要求:大标题采用小三号宋体,小标题采用四号宋体,内容采用小四号宋体;行间距为 1.5 倍;设计报告从正文开始编页码;左侧装订;设计报告不少于 25 页。 2. 项目设计报告内容 　(1) 封面; 　(2) 项目设计任务书; 　(3) 考核表; 　(4) 摘要、关键词; 　(5) 目录; 　(6) 正文(包括需求分析、总体设计、详细设计、系统调试、设计结果、设计总结等部分); 　(7) 参考文献; 　(8) 附录(包括原理图、流程图、程序等)。

时间安排	起止时间	工作内容
	第一天	通过阅读提供的资料和网上查找的资料,深入理解设计任务,掌握其设计原理,了解其设计框架,明确自己要做的工作。
	第二天	(1) 安装"所需资源"中"软件资源"对应的软件。 　(2) 领取或找到项目设计需要用到的 XSRP 软件无线电平台及其各种配件,掌握硬件平台的基本使用方法。 　(3) 按照设计指南介绍的方法运行案例程序,测试该项目最终的实现效果。
	第三天	分析项目设计内容,根据设计指南明确自己所缺的软硬件知识并做针对性补充。
	第四至第七天	读懂案例程序的框架及 Matlab 源码,按照设计指南的要求编写核心部分 Matlab 程序并进行测试。
	第八天	与 XSRP 软件无线电平台硬件联调,测试其功能,并优化指标。
	第九天	编写项目设计报告。
	第十天	修改项目设计报告,打印项目设计报告并提交。

任务书组成	说明
参考资料	［1］樊昌信,曹丽娜.通信原理［M］.7 版.北京:国防工业出版社,2021. ［2］张瑾,周原.基于 MATLAB/Simulink 的通信系统建模与仿真［M］.2 版.北京:北京航空航天大学出版社,2017. ［3］陈树学,刘萱.LabVIEW 宝典［M］.北京:电子工业出版社,2017.
主要设备	（1）XSRP 软件无线电平台 1 台(包含其全部配件)。 （2）计算机 1 台(装有 Matlab 2012b、LabVIEW 2015)。

5.2　设计指南

5.2.1　设计任务解读

模拟调制信号自动识别系统的工作原理示意图如图 5.1 所示。

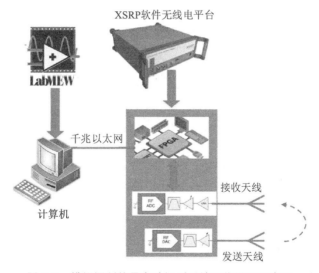

图 5.1　模拟调制信号自动识别系统工作原理示意图

1. 调制信号读取与识别

读取本地 6 种模拟调制信号(AM、DSB、LSB、USB、VSB、FM)的数据,任选一种调制方式的数据通过千兆以太网发送到 XSRP 软件无线电平台,在软件无线电平台中完成 I/Q 数据的 D/A 转换、上变频载波调制,射频在指定频点将信号通过天线发射出去。无线信号经过空中无线信道,再通过射频的接收天线在对应的频点将数据接收、下变频、低通滤波、A/D 转换,得到 I/Q 信号。接收的信号通过千兆以太网发送到计算机,在计算机上对接收信号进行特征值判断识别判断调制方式,具体包括计算零中心归一化瞬时幅度之谱密度的最大值、零中心非弱信号瞬时相位绝对值的标准偏差、零中心非弱信号相邻相位差值的标准偏差、谱对称性的方差特征值,最后利用 Matlab 神经网络算法的库函数仿真,计算识别信号及统计识别率。

2. 编程

本项目设计中学生需要掌握 Matlab 的基本编程方法,根据算法要求实现特征参数提取,通过 XSRP 软件无线电平台将调制信号自发自收,对接收信号进行自动识别。

3. 设计难度分级

本项目设计共有三级难度(表 5.2),学生可以根据自己的实际情况选择。

表 5.2　设计难度分级

难度级数	任务内容	说明
三级	(1) 效果验证。提供了案例程序,打开并运行该程序,可以提前了解项目要求实现的效果。 (2) 编写核心代码。案例中效果实现的核心代码(特征参数提取模块)已加密,学生看不见程序代码,需要自己编写。 (3) 仿真。程序完成后进行软件仿真,确保代码无误后再进行软硬件联调,要求识别正确率达到指定要求。	
二级	(1) 效果验证。提供了案例程序,打开并运行该程序,可以提前了解项目要求实现的效果。 (2) 编写核心代码。案例中效果实现的核心代码(特征参数提取模块、神经网络仿真模块)已加密,学生看不见程序代码,需要自己编写。 (3) 仿真。程序完成后进行软件仿真,确保代码无误后再进行软硬件联调,要求识别正确率达到指定要求。	
一级	只提供项目设计的要求、设备使用的方法、设备调用的接口,不提供任何子模块程序,全部程序的编写和软硬件联调由学生自己完成。	

4. 软件无线电平台使用

本项目设计中学生需要掌握使用 XSRP 软件无线电平台调用其射频部分、基带部分等的基本使用方法。

5.2.2　设计原理

1. 识别原理

利用 Matlab 神经网络构建识别网络,用训练样本对神经网络进行训练后就可以用来判别信号的调制方式。模拟调制信号自动识别原理框图如图 5.2 所示。

图 5.2 中,射频收发部分,即 XSRP 软件无线电平台的射频部分;基带处理部分,即 XSRP 软件无线电平台的基带部分;算法实现部分,在计算机中实现。

XSRP 软件无线电平台=机箱+射频部分+基带部分+配件(电源线、网线、USB 线、天线等)。

区分 AM、DSB、LSB、USB、VSB、FM 这 6 种模拟调制方式主要用到 4 个特征参数:① γ_{max},零中心归一化瞬时幅度之谱密度的最大值;② σ_{ap},零中心非弱信号瞬时相位绝对值的标准偏差;③ σ_{dp},零中心非弱信号相邻相位差值的标准偏差;④ P,谱对称性。

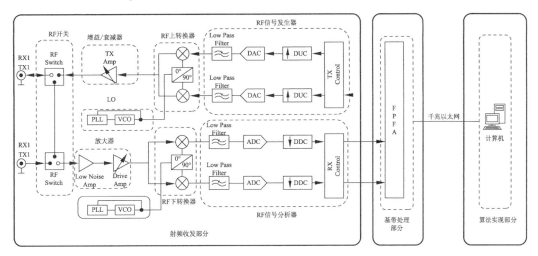

图 5.2 模拟调制信号自动识别原理框图

模拟调制信号自动识别原理总体框图如图 5.3 所示。

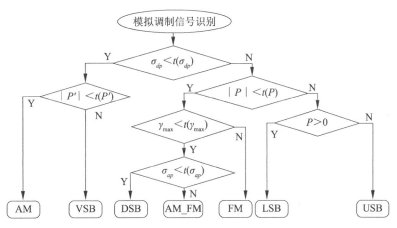

图 5.3 模拟调制信号自动识别原理总体框图

图 5.3 中,σ_{dp} 参数可以将调制信号{AM,VSB}和{DSB,FM,LSB,USB}进行区分;P 参数可以将{AM,VSB}调制信号中的 AM 和 VSB 进行区分出来,以及将{DSB,FM,LSB,USB}调制信号中的 LSB 和 USB 区分出来;$\gamma_{\max}$ 参数可以将{DSB,FM}调制信号中的 FM 和 DSB 区分出来;σ_{ap} 参数可以将{DSB,AM,FM}调制信号中的 DSB 和{AM,FM}区分出来。

4 个特征参数的定义如下:

(1) $\gamma_{\max}$ 定义为

$$\gamma_{\max} = \max\left\{\frac{\mathrm{FFT}\left[a_{cn}(i)\right]^2}{N_s}\right\} \tag{5.1}$$

式中:N_s 为取样点数;$a_{cn}(i)$ 为零中心归一化瞬时幅度,且

$$a_{cn}(i) = a_n(i) - 1 \tag{5.2}$$

式中：$a_n(i) = a_n(i)/m_a$；$m_a = \dfrac{1}{N_s}\sum_{i=1}^{N} a(i)$ 。

(2) σ_{ap} 定义为

$$\sigma_{ap} = \sqrt{\frac{1}{c}\Big[\sum_{a_n(i)>a_t}\phi_{NL}^2(i)\Big] - \Big[\frac{1}{c}\sum_{a_n(i)>a_t} \mid \phi_{NL}(i)\mid\Big]^2} \tag{5.3}$$

$$\phi_{NL}(i) = \phi(i) = \phi_0 \tag{5.4}$$

$$\phi_0 = \frac{1}{N_s}\sum_{i=1}^{N_s}\phi(i) \tag{5.5}$$

式中：$\phi_{NL}(i)$ 为相邻相位；$\phi(i)$ 为瞬时相位。

(3) σ_{dp} 定义为

$$\sigma_{dp} = \sqrt{\frac{1}{c}\Big[\sum_{a_n(i)>a_t}\phi_{NL}^2(i)\Big] - \Big[\frac{1}{c}\sum_{a_n(i)>a_t}\phi_{NL}(i)\Big]^2} \tag{5.6}$$

(4) P 定义为

$$P = (P_L - P_U)/(P_L + P_U) \tag{5.7}$$

$$P_L = \sum_{i=1}^{f_{cn}} \mid S(i)\mid^2 \tag{5.8}$$

$$P_U = \sum_{i=1}^{f_{cn}} \mid S(i) + f_{cn} + 1\mid^2 \tag{5.9}$$

2. 功能验证

Step1：将设备串口和计算机串口相连(计算机最好不再连接其他要用串口的设备)，设备网口和计算机网口相连，将设备网口的 IP 地址设置成当前计算机的 IP 地址。

Step2：打开"基于软件无线电平台的模拟调制信号自动识别系统设计"对应的程序源码，找到"AMR.vi"文件并打开，如图 5.4 所示。

图 5.4　AMR.vi 文件所在位置

注意：所有的程序代码都要保存在非中文路径下。

Step3：打开"AMR.vi"文件后弹出如图 5.5 所示界面。

图 5.5　打开 AMR.vi 文件的界面

Step4:把计算机和 XSRP 的 IP 地址改成对应的 IP 地址,"运行方式"配置为仿真运行,单击"运行"按钮 ⬚,等待运行结束后,查看"识别正确率",仿真运行结果如图 5.6 所示。切换"运行方式"为射频环回,单击"运行"按钮,等待运行结束后,查看识别正确率,射频环回运行结果如图 5.7 所示。

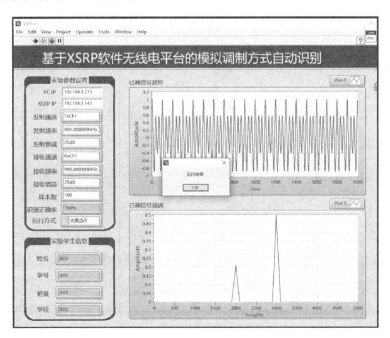

图 5.6　仿真运行结果

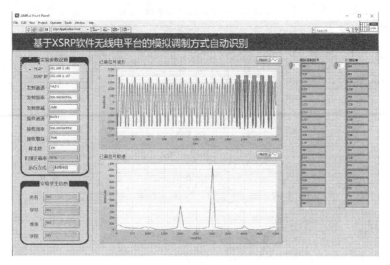

图 5.7　射频环回运行结果

3. 程序解读

程序解读流程如图 5.8 所示。

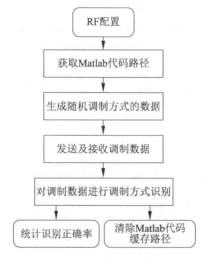

图 5.8　程序解读流程

图 5.8 表明,本项目设计的程序分为七大模块。其中,RF 配置、获取 Matlab 代码路径模块、生成随机调制方式的调制数据模块发送及接收调制数据模块、统计识别正确率模块、清除 Matlab 代码路径缓存模块都已经提供,学生不需要编写,只需要理解其功能及其在整个系统框架中的作用。

(1) RF 配置模块(图 5.9)

① 名称:RFConfig.vi。

② 功能:配置 XSRP 的硬件的射频发射和接收参数。

③ 输入参数:发射参数(发射通道、发射频率、发射衰减);接收参数(接收通道、接收

频率、接收增益);错误输入。

④ 输出参数:错误输出。

⑤ 位置:在文件夹"SDR_AMR"下的".\LabviewSubVI\RFConfig\RFConfig.vi"中。

图 5.9　RF 配置模块

(2) 获取 Matlab 代码路径模块(图 5.10)

① 名称:GetMatlabCodePath.vi。

② 功能:获取 MatlabCode 文件夹所在的路径。

③ 输入参数:无。

④ 输出参数:MatlabCodePath(Matlab 代码路径)。

⑤ 位置:在文件夹"SDR_AMR"下的".\LabviewSubVI\GetMatlabCodePath.vi"中。

图 5.10　获取 Matlab 代码路径模块

(3) 清除 Matlab 代码路径缓存模块(图 5.11)

① 名称:MatlabPathClcar.vi。

② 功能:清除执行 Matlab 代码所加入的路径缓存。

③ 输入参数:Path(Matlab 代码路径);错误输入。

④ 输出参数:错误输出。

⑤ 位置:在文件夹"SDR_AMR"下的".\LabviewSubVI\MatlabPathClear.vi"中。

图 5.11　清除 Matlab 代码路径缓存模块

(4) 统计识别正确率模块(图 5.12)

① 名称:CalcCorrectRate.vi。

② 功能:统计样本数的调制的识别正确率。

③ 输入参数:样本数;调制类型;识别后的调制类型。

④ 输出参数:识别正确率。

⑤ 位置:在文件夹"SDR_AMR"下的".\LabviewSubVI\CalcCorrectRate.vi.vi"中。

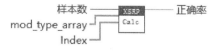

图 5.12　统计识别正确率模块

(5) 生成随机调制方式的调制数据模块(图 5.13)

① 名称:Gen_Dig_Mod_Data.vi。

② 功能:根据样本数生成随机调制方式的调制数据。

③ 输入参数:路径输入 Path In;样本数 J;错误输入。

④ 输出参数:路径输出 Path Out;调制数据 mod_data_array;调制数据对应的调制方式 T。

⑤ 位置:在文件夹"SDR_AMR"下的".\LabviewSubVI\Gen_Dig_Mod_Data.vi"中。

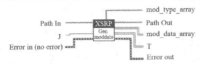

图 5.13　生成随机调制方式的调制数据模块

4. 程序设计

调制识别主要分为两部分:① 提取调制数据的特征参数;② 利用 Matlab BP 神经网络算法根据训练样本进行仿真计算测试样本。学生需要完成的是提取特征参数,学生以3 人为一组,其中 2 人完成特征参数 γ_{max} 和特征参数 σ_{ap} 计算程序的编写,第三人完成特征参数 σ_{dp} 和特征参数 P 计算程序的编写,最后 3 人需将各自编写的程序整合,完成Analog_feature_extraction.m 函数程序代码的编写。

调制识别主函数 AMR_RevData.m 的程序代码,其路径位置为".\MatlabCode\AMR_RevData.m",调制识别主函数 AMR_RevData.m 的程序代码如图 5.14 所示。

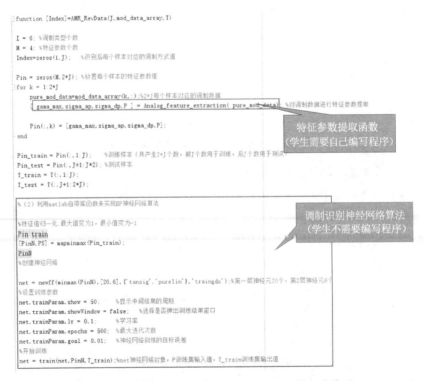

图 5.14　调制识别主函数 AMR_RevData.m 的程序代码

特征参数提取函数 Analog_feature_extraction 说明:

（1）函数定义

Function$[$ gama_max, sigma_ap, sigma_dp, P $]$ = Analog_feature_extraction(pure_mod_data)。

（2）函数位置

在文件夹"SDR_AMR"下的".\MatlabCode\Analog_feature_extraction"。

（3）函数实现

gama_max 零中心归一化瞬时幅度之谱密度的最大值,其实现程序代码如图 5.15 所示。

```
%%%%%%%%%%%%%%%%%%%%%%%%%%%%%%%%%%%%%%%%%%%%%%%%%%%%%%%%%%%%%%%%%%
%(1)计算:零中心归一化瞬时幅度之谱密度的最大值gama_max
Ns = length(mod_data);
h1 = imag(hilbert(mod_data));  %频率成分移动90度后的信号
a = sqrt(mod_data.^2 + h1.^2);  %利用希尔伯特变换得到相移90度的信号,利用原信号和相移后的信号求瞬时幅度
ma = mean(a);  %瞬时幅度的平均值
an = a./ma;
acn = an - 1;  %零中心归一化瞬时幅度
tmp = abs(fft((acn).^2)/Ns);
gama_max = max(tmp);
```

图 5.15　gama_max 函数实现程序代码

sigma_ap 零中心非弱信号瞬时相位绝对值的标准偏差,其实现程序代码如图 5.16 所示。

```
%%%%%%%%%%%%%%%%%%%%%%%%%%%%%%%%%%%%%%%%%%%%%%%%%%%%%%%%%%%%%%%%%%
%(2)零中心非弱信号瞬时相位绝对值的标准偏差 sigma_ap
%%%瞬时相位
fai0 = atan2(h1,mod_data);  %利用原信号和相移后的信号求得瞬时相位
fai = unwrap(fai0);  %解相位重叠,瞬时相位

at = mean(an);  %非弱信号段的幅度判决门限
anc_loc = find(abs(an)>at);
anc = an(anc_loc);  %找到非弱信号
C = length(anc_loc);

fai_r=fai;
fai_0 = mean(fai_r);
fai_NL = fai_r - fai_0;  %是实数
tmp1 = sum(fai_NL.^2)/C - (sum(abs(fai_NL))/C).^2;
sigma_ap = sqrt(tmp1);
```

图 5.16　sigma_ap 函数实现程序代码

sigma_dp 零中心非弱信号相邻相位差值的标准偏差,其实现程序代码如图 5.17 所示。

```
%% (3)零中心非弱信号相邻相位差值的标准偏差 sigma_dp
tmp2 = sum(fai_NL.^2)/C - (sum((fai_NL))/C).^2;
sigma_dp = sqrt(tmp2);
```

图 5.17　sigma_dp 函数实现程序代码

P 谱对称性的实现程序代码如图 5.18 所示。

```
%%%%%%%%%%%%%%%%%%%%%%%%%%%%%%%%%%%%%%%%%%%%%%%%%%%%%%%%%%%%%%%%%%%%%%%%%%%%%%%%%%%%%%%
%(4)谱对称性P
fmn = round( ori_fm*Ns/fs );
fcm = round( ori_fc*Ns/fs );
SF = fftshift(abs(fft(mod_data)));
PL = sum( abs(SF(Ns/2+fcm-fmn:Ns/2+fcm+1)).^2 );
PU = sum( abs(SF(Ns/2+fcm :Ns/2+fcm+fmn+1)).^2 );
P = (PL-PU)/(PL+PU);
```

图 5.18　P 谱对称性实现程序代码

5. 设计结果

本项目设计要求学生通过编程实现数字调制特征参数提取 SDR_DMR_Digtal_feature_extraction.m 文件。

（1）函数定义

Function$[$ gama_max, sigma_ap, sigma_dp, sigma_aa, sigma_af $]$ = SDR_DMR_Digtal_feature_extraction(mod_data)

（2）函数输入

mod_data：数字调制已调信号数据。

（3）函数输出

gama_max：零中心归一化瞬时幅度之谱密度的最大值。

sigma_ap：零中心非弱信号瞬时相位绝对值的标准偏差。

sigma_dp：零中心非弱信号相邻相位差值的标准偏差。

P：谱对称性。

（4）代码

%%

%　FileName：　　　　　　　　Analog_feature_extraction.m

%　Description：　　　　　　　模拟调制特征参数提取

%%

%　Parameter List：

%　　Output Parameter

%　　　　gama_max　　　　　　零中心归一化瞬时幅度之谱密度的最大值

%　　　　sigma_ap　　　　　　零中心非弱信号瞬时相位绝对值的标准偏差

%　　　　sigma_dp　　　　　　零中心非弱信号相邻相位差值的标准偏差

%　　　　P　　　　　　　　　谱对称性

%　　Input Parameter

%　　　　mod_data　　　　　　模拟已调信号样本数据

%%

Function $[gama\_max, sigma\_ap, sigma\_dp, P] = Analog\_feature\_extraction(mod\_data)$

%对模拟调制信号进行特征参数的提取

ori_fs = 100 * 1000;   %采样频率

ori_fm = 500;   %信源频率

ori_fc = 2500 * 2;   %载波频率

5.3 资源配置

1. 硬件资源

(1) XSRP 软件无线电平台及其相关连接线。

(2) 计算机(操作系统:Windows 7 及其以上;以太网网卡:千兆)。

2. 软件资源

(1) LabVIEW 2015。

(2) Matlab 2012b。

(3) XSRP 软件无线电平台无线收发软件测试软件(需要配合 XSRP 软件无线电平台硬件才能使用)。

5.4 工作安排

本项目设计的工作安排说明如表 5.3 所示。

表 5.3 工作安排说明

阶段	子阶段	主要任务
阶段 1	理解任务,掌握原理,了解框架	通过阅读提供的资料和网上查找的资料,深入理解设计任务,掌握其设计原理,了解其设计框架,明确自己要做的工作。
阶段 2	安装软件,领取设备,验证功能	(1) 安装"所需资源"中"软件资源"对应的软件。 (2) 领取或找到项目设计需要用到的 XSRP 软件无线电平台及其各种配件,掌握硬件平台的基本使用方法。 (3) 按照本项目设计指南介绍的方法,运行提供的案例程序,测试该项目最终的实现效果(相当于先看到了实现的效果,再倒过来完成实现的过程。案例中实现过程的 Matlab 代码已加密,学生看不见程序代码,而这正是该项目需要学生完成的)。
阶段 3	补充所缺的知识	[1] 陈杰. MATLAB 宝典[M].4 版.北京:电子工业出版社,2013. [2] 陈树学,刘萱. LabVIEW 宝典[M].北京:电子工业出版社,2017.

阶段	子阶段	主要任务
阶段 4	读懂案例的框架，编写核心部分程序	（1）读懂程序。 （2）在 Matlab 下删掉要求完成的函数文件（.p 文件），学生自己完成函数功能的实现。
阶段 5	软硬件联调	保存编写好的 Matlab 程序，打开 LabVIEW 主程序，与 XSRP 软件无线电平台硬件进行联调，测试其功能，并优化效果。
阶段 6	编写项目设计报告	按照任务书中相关要求认真编写项目设计报告，完成后打印并提交。

项 目 6

基于软件无线电平台的数字调制信号
自动识别系统设计

6.1　任务书

本项目设计的任务书说明如表 6.1 所示。

表 6.1　任务书说明

任务书组成	说明
设计题目	基于软件无线电平台的数字调制信号自动识别系统设计
设计目的	（1）巩固通信原理的基础理论知识,将理论知识应用到实践中。 （2）通过软硬件结合的方式,构建数字调制方式自动识别系统。 （3）掌握通过 LabVIEW 软件和 XSRP 软件无线电平台实现通信系统的方法。
设计内容	（1）随机读取本地 6 种数字调制信号（2ASK、4ASK、2FSK、4FSK、2PSK、4PSK）的数据,根据测试样本数依次将随机选取的调制方式的数据通过千兆以太网发送到 XSRP 软件无线电平台,在软件无线电平台中完成 I/Q 数据的 D/A 转换、上变频载波调制,射频在指定频点将信号通过天线发射出去。无线信号经过空中无线信道,再通过射频的接收天线在对应的频点将数据接收、下变频、低通滤波、A/D 转换,得到 I/Q 信号。接收的信号通过千兆以太网发送到计算机,在计算机上对接收信号进行特征参数提取,具体包括零中心归一化瞬时幅度之谱密度的最大值、零中心非弱信号瞬时相位绝对值的标准偏差、零中心非弱信号相邻相位差值的标准偏差、零中心归一化瞬时幅度绝对值的标准偏差、零中心瞬时频率绝对值的标准偏差。然后,利用 Matlab 神经网络算法的库函数仿真,计算识别信号及统计识别正确率。 （2）运用 Matlab 和 LabVIEW 的基本编程方法及将已写好的 Matlab 代码用 LabVIEW 的 VI 进行封装,根据每个功能模块,搭建一个完整的系统。本项目设计提供了案例程序,打开并运行该程序,可提前了解项目要求实现的效果。 （3）案例中的核心 Matlab 代码已被加密,学生看不见程序源码,需要自己编写。学生需要先读懂不需要修改的程序,然后编写设计要求的函数程序,再进行软硬件联调(需要掌握 XSRP 软件无线电平台的使用方法)。
设计要求	1. 功能要求 （1）首先基于 XSRP 软件无线电平台,设计数字调制自动识别系统,要求可识别的数字调制方式包括 2ASK、4ASK、2FSK、4FSK、2PSK、4PSK,通过发送本地随机调制方式的数据,经过 XSRP 软件无线电的发射接收(自发自收),接收端提取识别所需特征参数;然后利用 Matlab BP 神经网络算法的库函数仿真,对接收信号的调制方式进行识别,最后统计识别正确率。

任务书组成	说明
设计要求	(2) 编写 Matlab 程序,要求程序可以仿真运行,并且识别正确率达 80%以上。 (3) 编写 LabVIEW 程序,要求前面板显示发送的已调信号和接收到的已调信号波形。 (4) 与 XSRP 软件无线电平台联调,要求识别正确率达 80%以上。 2. 指标要求 (1) 发射频率:900~1000 MHz,频率可以设置。 (2) 发送衰减:可设置,范围为 0~90 dB。 (3) 接收频率:900~1000 MHz,频率可以设置。 (4) 接收增益:可设置,范围为 0~40 dB。 (5) 样本数:可设置。 (6) 识别正确率:不低于 80%。
设计报告	1. 项目设计报告格式 　　按照学校要求的统一格式,提交一份纸质版的项目设计报告。设计报告正文的字体要求:大标题采用小三号宋体,小标题采用四号宋体,内容采用小四号宋体;行间距为 1.5 倍;设计报告从正文开始编页码;左侧装订;设计报告不少于 25 页。 2. 项目设计报告内容 (1) 封面; (2) 项目设计任务书; (3) 考核表; (4) 摘要、关键词; (5) 目录; (6) 正文(包括需求分析、总体设计、详细设计、系统调试、设计结果、设计总结等部分); (7) 参考文献; (8) 附录(包括原理图、流程图、程序等)。

时间安排	起止时间	工作内容
	第一天	通过阅读提供的资料和网上查找的资料,深入理解设计任务,掌握其设计原理,了解其设计框架,明确自己要做的工作。
	第二天	(1) 安装"所需资源"中"软件资源"对应的软件。 (2) 领取或找到项目设计需要用到的 XSRP 软件无线电平台及其各种配件,掌握硬件平台的基本使用方法。 (3) 按照设计指南介绍的方法,运行提供的案例程序,测试该项目最终的实现效果。
	第三天	分析项目设计内容,根据设计指南明确自己所缺的软硬件知识并做有针对性补充。
	第四至第七天	读懂案例程序的框架及 Matlab 源码,按照设计指南的要求编写核心部分 Matlab 程序并进行测试。
	第八天	与 XSRP 软件无线电平台硬件联调,测试功能,优化指标。
	第九天	编写项目设计报告。
	第十天	修改项目设计报告,打印项目设计报告并提交。

续表

任务书组成	说明
参考资料	［1］樊昌信,曹丽娜. 通信原理［M］. 7 版.北京:国防工业出版社,2021. ［2］张瑾,周原.基于 MATLAB/Simulink 的通信系统建模与仿真［M］.2 版.北京:北京航空航天大学出版社,2017. ［3］陈树学,刘萱. LabVIEW 宝典［M］.北京:电子工业出版社,2017.
主要设备	(1) XSRP 软件无线电平台 1 台(包含其全部配件)。 (2) 计算机 1 台(装有 Matlab 2012b、LabVIEW 2015)。

6.2　设计指南

6.2.1　设计任务解读

数字调制信号自动识别系统的工作原理示意图如图 6.1 所示。

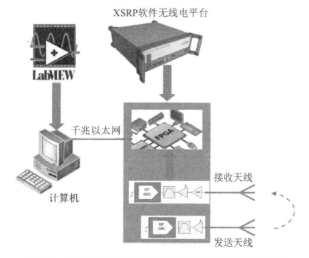

图 6.1　数字调制信号自动识别系统工作原理示意图

1. 数字调制信号处理

读取本地 6 种数字调制信号(2ASK、4ASK、2FSK、4FSK、2PSK、4PSK)的数据,任选一种调制方式的数据通过千兆以太网发送到 XSRP 软件无线电平台,在软件无线电平台中完成 I/Q 数据的 D/A 转换、上变频载波调制,射频在指定频点将信号通过天线发射出去。无线信号经过空中无线信道,再通过射频的接收天线在对应的频点将数据接收、下变频、低通滤波、A/D 转换,得到 I/Q 信号。接收的信号通过千兆以太网发送到计算机,在计算机上对接收信号进行特征值判断识别判断调制方式,具体包括计算谱密度的最大值、非弱信号段零中心归一化频率绝对值的方差、瞬时频率绝对值的方差、瞬时频率的方差、瞬时幅度绝对值的方差特征值,最后利用 Matlab 神经网络算法的库函数仿真,计算识别信号及统计识别正确率。

2. 编程

本项目设计需要学生掌握 Matlab 的基本编程方法，根据算法要求实现特征参数提取，通过 XSRP 软件无线电平台将调制信号自发自收，对接收信号进行自动识别。

3. 设计难度分级

本项目设计共有三级难度（表 6.2），学生可以根据自己的实际情况选择。

表 6.2　设计难度分级

难度级数	任务内容	说明
三级	（1）效果验证。提供了案例程序，打开并运行该程序，可以提前了解项目要求实现的效果。 （2）编写核心代码。案例中效果实现的核心代码（特征参数提取模块）已加密，学生看不见程序代码，需要自己编写。 （3）仿真。程序完成后进行软件仿真，确保代码无误后再进行软硬件联调，要求识别正确率达到指定要求。	
二级	（1）效果验证。提供了案例程序，打开并运行该程序，可以提前了解项目要求实现的效果。 （2）编写核心代码。案例中实现的核心代码（特征参数提取模块、神经网络仿真模块）已加密，学生看不见程序代码，需要自己编写。 （3）仿真。程序完成后进行软件仿真，确保代码无误后再进行软硬件联调，要求识别正确率达到指定要求。	
一级	只提供项目设计的要求、设备使用的方法、设备调用的接口，不提供任何子模块程序，全部程序的编写和软硬件联调由学生自己完成。	

4. 软件无线电平台使用

本项目设计中学生需要掌握 XSRP 软件无线电平台调用其射频部分、基带部分等的基本使用方法（通过"XSRP 软件无线电平台无线收发软件测试软件"验证其主要功能）。

6.2.2　设计原理

1. 实现原理

数字调制信号自动识别实现原理框图如图 6.2 所示。

图 6.2 中，射频收发部分，即 XSRP 软件无线电平台的射频部分；基带处理部分，即 XSRP 软件无线电平台的基带部分；算法实现部分，在计算机中实现。

XSRP 软件无线电平台＝机箱＋射频部分＋基带部分＋配件（电源线、网线、USB 线、天线等）。

区分 2ASK、4ASK、2FSK、4FSK、2PSK、4PSK 这 6 种数字调制方式主要用到 5 个特征参数：① γ_{max} :零中心归一化瞬时幅度之谱密度的最大值；② σ_{ap} :零中心非弱信号瞬时相位绝对值的标准偏差；③ σ_{dp} :零中心非弱信号相邻相位差值的标准偏差；④ σ_{aa} :零中心归一化瞬时幅度绝对值的标准偏差；⑤ σ_{af} :零中心归一化瞬时频率绝对值的标准偏差。

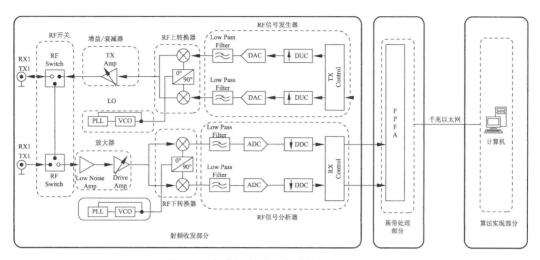

图 6.2　数字调制信号自动识别原理框图

数字调制信号识别原理总体框图如图 6.3 所示。

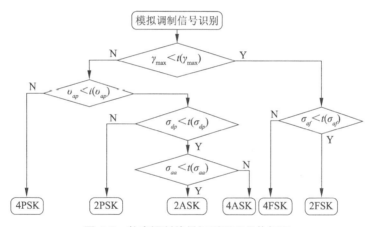

图 6.3　数字调制信号识别原理总体框图

图 6.3 中，$\gamma_{\max}$ 参数可以将信号 $\{2ASK,4ASK,2PSK,4PSK\}$ 和 $\{2FSK,4FSK\}$ 进行区分；σ_{ap} 参数可以将 $\{2ASK,4ASK,2PSK,4PSK\}$ 调制信号中的 4PSK 区分出来；σ_{dp} 参数可以将 $\{2ASK,4ASK,2PSK\}$ 调制信号中的 2PSK 区分出来；σ_{aa} 参数可以将 $\{4ASK,2ASK\}$ 调制信号中的 2ASK 和 4ASK 区分出来；σ_{af} 参数可以将 $\{4FSK,2FSK\}$ 调制信号中的 2FSK 和 4FSK 区分出来。

5 个特征参数的定义如下：

（1）$\gamma_{\max}$ 定义为

$$\gamma_{\max} = \max\left\{\frac{\mathrm{FFT}\left[a_{cn}(i)\right]^2}{N_s}\right\} \tag{6.1}$$

式中：N_s 为取样点数；$a_{cn}(i)$ 为零中心归一化瞬时幅度，即

$$a_{cn}(i) = a_n(i) - 1 \tag{6.2}$$

式中：$a_n(i) = a_n(i)/m_a$；$m_a = \dfrac{1}{N_s}\sum\limits_{i=1}^{N} a(i)$ 。

（2）σ_{ap} 定义为

$$\sigma_{ap} = \sqrt{\frac{1}{c}\Big[\sum_{a_n(i)>a_t}\phi_{NL}^2(i)\Big] - \Big[\frac{1}{c}\sum_{a_n(i)>a_t}\mid\phi_{NL}(i)\mid\Big]^2} \tag{6.3}$$

$$\phi_{NL}(i) = \phi(i) = \phi_0 \tag{6.4}$$

$$\phi_0 = \frac{1}{N_s}\sum_{i=1}^{N_s}\phi(i) \tag{6.5}$$

式中：$\phi_{NL}(i)$ 为相邻相位；$\phi(i)$ 为瞬时相位。

（3）σ_{dp} 定义为

$$\sigma_{dp} = \sqrt{\frac{1}{c}\Big[\sum_{a_n(i)>a_t}\phi_{NL}^2(i)\Big] - \Big[\frac{1}{c}\sum_{a_n(i)>a_t}\phi_{NL}(i)\Big]^2} \tag{6.6}$$

（4）σ_{aa} 定义为

$$\sigma_{aa} = \sqrt{\frac{1}{N_s}\Big[\sum_{i=1}^{N_s}a_{cn}^2(i)\Big] - \Big[\frac{1}{N_s}\Big[\sum_{i=1}^{N_s}\mid a_{cn}(i)\mid\Big]^2} \tag{6.7}$$

（5）σ_{af} 定义为

$$\sigma_{af} = \sqrt{\frac{1}{c}\Big[\sum_{a_n(i)>a_t}f_N^2(i)\Big] - \Big[\frac{1}{c}\sum_{a_n(i)>a_t}\mid f_N(i)\mid\Big]^2} \tag{6.8}$$

2. 功能验证

Step1：将设备串口和计算机串口相连（计算机最好不再连接其他要用串口的设备），设备网口和计算机网口相连，将设备网口的 IP 地址设置成当前计算机的 IP 地址。

Step2：打开"基于软件无线电平台的数字调制信号自动识别系统设计"对应的程序源码，找到"DMR.vi"文件并打开，如图 6.4 所示。

图 6.4 DMR.vi 文件所在位置

注意：所有的程序代码都要保存在非中文路径下。

Step3：打开"DMR.vi"文件后弹出如图 6.5 所示界面。

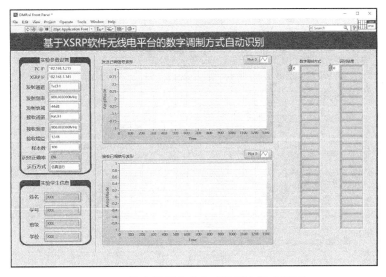

图 6.5　数字调制方式自动识别主程序界面

Step4：把计算机和 XSRP 的 IP 地址改成对应的 IP 地址，"运行方式"配置为仿真运行，单击"运行"按钮 ⬦，等待运行结束后，查看"识别正确率"，仿真运行结果如图 6.6 所示。切换"运行方式"为射频环回，单击"运行"按钮，等待运行结束后，查看"识别正确率"，射频环回运行结果如图 6.7 所示。

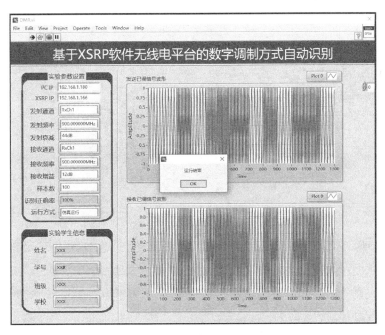

图 6.6　仿真运行结果

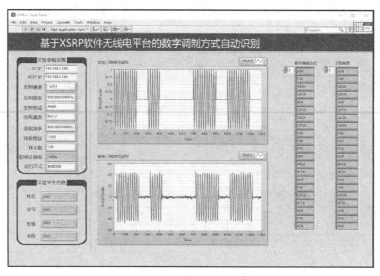

图 6.7　射频环回运行结果

3. 程序解读

本项目设计的程序解读流程如图 6.8 所示。

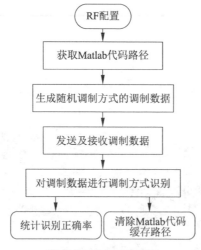

图 6.8　程序解读流程

图 6.8 表明,本项目设计的程序分为 7 大模块。其中,RF 配置模块、获取 Matlab 代码路径模块、发送及接收调制数据模块、统计识别正确率模块、清除 Matlab 代码缓存路径模块、生成随机调制方式的调制数据模块都已经提供,学生不需要编程,只需要理解其功能。

(1) RF 配置模块(图 6.9)

① 名称:RFConfig.vi。

② 功能:配置 XSRP 的硬件的射频发射和接收参数。

③ 输入参数:发射参数(发射通道、发射频率、发射衰减);接收参数(接收通道、接收频率、接收增益);错误输入。

④ 输出参数:错误输出。

⑤ 位置:在文件夹"SDR_DMR"下的".\LabviewSubVI\RFConfig\RFConfig.vi"中。

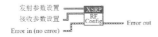

图 6.9 RF 配置模块

(2) 获取 Matlab 代码路径模块(图 6.10)

① 名称:GetMatlabCodePath.vi。

② 功能:获取 MatlabCode 文件夹所在的路径。

③ 输入参数:无。

④ 输出参数:MatlabCodePath(Matlab 代码路径)。

⑤ 位置:在文件夹"SDR_DMR"下的".\LabviewSubVI\GetMatlabCodePath.vi"中。

图 6.10 获取 Matlab 代码路径模块

(3) 清除 Matlab 代码路径缓存模块(图 6.11)

① 名称:MatlabPathClear.vi。

② 功能:清除执行 Matlab 代码所加入的路径缓存。

③ 输入参数:Path(Matlab 代码路径);错误输入。

④ 输出参数:错误输出。

⑤ 位置:在文件夹"SDR_DMR"下的".\LabviewSubVI\MatlabPathClear.vi"中。

图 6.11 清除 Matlab 代码路径缓存模块

(4) 统计识别正确率模块(图 6.12)

① 名称:CalcCorrectRate.vi。

② 功能:统计样本数的调制方式的识别正确率。

③ 输入参数:样本数;调制类型;识别后的调制类型。

④ 输出参数:识别正确率。

⑤ 位置:在文件夹"SDR_DMR"下的".\LabviewSubVI\CalcCorrectRate.vi"中。

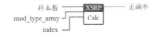

图 6.12 统计识别正确率模块

(5) 生成随机调制方式的调制数据模块(图 6.13)

① 名称:Gen_Dig_Mod_Data.vi。

② 功能:根据样本数生成随机调制方式的调制数据。

③ 输入参数:路径输入 Path In;样本数 J;错误输入。

④ 输出参数:路径输出 Path Out;调制数据 mod_data_array;调制数据对应的调制方式 T。

⑤ 位置:文件夹"SDR_DMR"下的".\LabviewSubVI\Gen_Dig_Mod_Data.vi"。

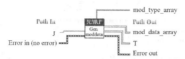

图 6.13　生成随机调制方式的调制数据模块

4. 程序设计

调制识别模块主要分为两部分:① 提取调制数据的特征参数;② 利用 Matlab BP 神经网络算法根据训练样本进行仿真计算测试样本。学生需要完成的是提取特征参数,学生以 3 人为一组,第 1 个同学编写特征参数 $\gamma_{\max}$ 的计算程序,第 2 个同学编写特征参数 σ_{ap} 和 σ_{dp} 的计算程序,第 3 个同学编写特征参数 σ_{aa} 和 σ_{af} 的计算程序,最后 3 人将各自编写的程序整合,完成 SDR_DMR_Digtal_feature_extraction.m 函数程序代码的编写。

调制识别主函数 SDR_DMR_RFrev.m 的程序代码,其路径位置为".\MatlabCode\SDR_DMR_RFrev.m"。

调制识别主函数 SDR_DMR_RFrev.m 的程序代码如图 6.14 所示。

图 6.14　调制识别主函数 SDR_DMR_RFrev.m 的程序代码

特征参数提取函数 SDR_DMR_Digtal_feature_extraction 说明:

（1）函数定义

Function$\left[\ \text{gama\_max}\,,\text{sigma\_ap}\,,\text{sigma\_dp}\,,\text{sigma\_aa}\,,\text{sigma\_af}\ \right]=$SDR_DMR_Digtal_feature_extraction(mod_data)

（2）函数位置

在文件夹"SDR_DMR"下的".\MatlabCode\SDR_DMR_Digtal_feature_extraction"中。

（3）函数实现

gama_max 零中心归一化瞬时幅度之谱密度的最大值，其实现程序代码如图 6.15 所示。

```
%(1)计算:零中心归一化瞬时幅度之谱密度的最大值gama_max.
Ns = length(mod_data);
h1 = imag(hilbert(mod_data));    %频率成分移动90度后的信号
a = sqrt(mod_data.^2 + h1.^2);   %利用希尔伯特变换得到相移90度的信号,利用原信号和相移后的信号求瞬时幅度
ma = mean(a);                    %瞬时幅度的平均值
an = a./ma;
acn = an - 1;                    %零中心归一化瞬时幅度
tmp = abs(fft((acn).^2)/Ns);
gama_max = max(tmp);
```

图 6.15　gama_max 函数实现程序代码

sigma_ap 零中心非弱信号瞬时相位绝对值的标准偏差，其实现程序代码如图 6.16 所示。

```
%% (2)零中心非弱信号瞬时相位绝对值的标准偏差 sigma_ap
%%%瞬时相位
fai0 = atan2(h1,mod_data);       %利用原信号和相移后的信号求得瞬时相位
fai = unwrap(fai0);              %解相位重叠,瞬时相位

at = mean(an);                   %非弱信号段的幅度判决门限
anc_loc = find(abs(an)>at);      %找到非弱信号的位置
anc = acn(anc_loc);              %找到非弱信号瞬时幅度
C = length(anc_loc);

fai_r=fai;
fai_0 = mean(fai_r);
fai_NL = fai_r - fai_0; %是实数
tmp1 = sum(fai_NL.^2)/C - (sum(abs(fai_NL))/C).^2;
sigma_ap = sqrt(tmp1);
```

图 6.16　sigma_ap 函数实现程序代码

sigma_dp 零中心非弱信号相邻相位差值的标准偏差，其实现程序代码如图 6.17 所示。

```
%% (3)零中心非弱信号相邻相位差值的标准偏差 sigma_dp
tmp2 = sum(fai_NL.^2)/C - (sum((fai_NL))/C).^2;
sigma_dp = sqrt(tmp2);
```

图 6.17　sigma_dp 函数

sigma_aa 零中心归一化瞬时幅度绝对值的标准偏差,其实现程序代码如图 6.18 所示。

```
%% (4)计算:零中心归一化瞬时幅度绝对值的标准偏差  sigma_aa
%acn 为瞬时幅度
tmp4 = sum(acn.^2)/Ns - (sum(abs(acn))/Ns).^2;
sigma_aa = sqrt(tmp4);
```

图 6.18   sigma_aa 函数实现程序代码

sigma_af 零中心归一化瞬时频率绝对值的标准偏差,其实现程序代码如图 6.19 所示。

```
%% (5)计算:零中心归一化瞬时频率绝对值的标准偏差 sigma_af
% fai 瞬时相位
fN0=fs*fai(1,1)/(2*pi);
fN1=fs*diff(fai)/(2*pi);%瞬时频率,对瞬时相位微分
fN1=[fN0,fN1];
fN = fN1(anc_loc);
tmp5 = sum(fN.^2)/C - (sum(abs(fN))/C).^2;
sigma_af = sqrt(tmp5);
```

图 6.19   sigma_af 函数实现程序代码

6.3   资源配置

1. 硬件资源

(1) XSRP 软件无线电平台及其相关连接线。

(2) 计算机(操作系统:Windows 7 及其以上;以太网网卡:千兆)。

2. 软件资源

(1) LabVIEW 2015。

(2) Matlab 2012b。

(3) XSRP 软件无线电平台无线收发软件与测试软件(需要配合 XSRP 软件无线电平台硬件才能使用)。

6.4   工作安排

本项目设计的工作安排说明见表 6.3。

表 6.3　工作安排说明

阶段	子阶段	主要任务
阶段 1	理解任务,掌握原理,了解框架	通过阅读提供的资料和网上查找的资料,深入理解设计任务,掌握其设计原理,了解其设计框架,明确自己要做的工作。
阶段 2	安装软件,领取设备,验证功能	(1) 安装"所需资源"中"软件资源"对应的软件。 (2) 领取或找到项目设计需要用到的 XSRP 软件无线电平台及其各种配件,掌握硬件平台的基本使用方法。 (3) 按照本项目设计指南介绍的方法,运行提供的案例程序,测试该项目最终的实现效果(相当于先看到了实现的效果,再倒过来完成实现的过程。案例中效果实现的 Matlab 程序代码已加密,学生看不见程序代码,而这正是该项目需要学生完成的)。
阶段 3	补充所缺的知识	[1] 陈杰. MATLAB 宝典[M]. 4 版.北京:电子工业出版社,2013. [2] 陈树学,刘萱. LabVIEW 宝典[M].北京:电子工业出版社,2017.
阶段 4	读懂案例的框架,编写核心部分程序	(1) 读懂程序。 (2) 在 Matlab 下删除要求完成的函数文件(.p 文件),学生自己完成函数功能的实现。
阶段 5	软硬件联调	将编写好的 Matlab 程序保存,打开 LabVIEW 主程序与 XSRP 软件无线电平台硬件进行联调,测试其功能,并优化效果。
阶段 6	编写项目设计报告	按照任务书中的相关要求,认真编写项目设计报告,完成后打印并提交。

项目 7

基于软件无线电平台的 CDMA 通信系统发射机设计

7.1 任务书

本项目设计的任务书说明如表7.1所示。

表7.1 任务书说明

任务书组成	说明
设计题目	基于软件无线电平台的 CDMA 通信系统发射机设计
设计目的	（1）巩固通信原理的基础理论知识，将理论知识应用到实践中。 （2）通过软硬件结合的方式，构建简单通信系统并测试该系统的功能。 （3）掌握通过 LabVIEW 软件和 XSRP 软件无线电平台实现通信系统的方法。 （4）掌握通过 Matlab 进行通信系统算法仿真的方法。
设计内容	（1）通过运行提供的 DEMO 程序，了解 CDMA 发射机的参数设置、运行方法（可使用提供的调试工具 CDMA_RX.exe 接收 CDMA 发射机发射的信号）。 （2）通过解读提供的 DEMO 程序，了解 CDMA 发射机的程序流程和各功能框的功能。 （3）从下列三个任务中选取一个： ① 编程实现 CDMA _ TxSpreading. m 中的 CDMA _ TxSpreading 函数，代替 DEMO 中的 CDMA_TxSpreading.p 文件。 ② 编程实现 CDMA_TxScrambling.m 中的 CDMA_TxScrambling 函数，代替 DEMO 中的 CDMA_TxScrambling.p 文件。 ③ 编程实现 CDMA _ TxSCH. m 中的 CDMA _ TxSCH 函数，代替 DEMO 中的 CDMA_TxSCH.p 文件。 （4）调试加入自己编写的.m 文件的 CDMA 发射机程序，使用调试工具 CDMA_RX.exe 能正确接收 CDMA 发射机发射的信号。
设计要求	1. 功能要求 在提供的 DEMO 程序中，使用自己编写的.m 文件替代 DEMO 程序中的.p 文件，在 XSRP 软件无线电平台上运行 CDMA 发射机程序，使用提供的调试工具 CDMA_RX.exe 能正确接收 CDMA 发射机发射的信号。

续表

任务书组成	说明
设计要求	2. 指标要求 　　（1）扰码组和扰码号可设置。 　　（2）扩频因子和扩频码号可设置。 　　（3）CRC 位数可设置。 　　（4）编码方式可设置。 3. 创新要求 　　与做"基于软件无线电平台的 CDMA 通信系统接收机设计"的同学进行联调，实现 CDMA 信号在 XSRP 软件无线电平台的发射和接收。
设计报告	1. 项目设计报告格式 　　按照学校要求的统一格式，提交一份纸质版的项目设计报告。设计报告正文的字体要求：大标题采用小三号宋体，小标题采用四号宋体，内容采用小四号宋体；行间距为 1.5 倍；设计报告从正文开始编页码；左侧装订；设计报告不少于 25 页。 2. 项目设计报告内容 　　（1）封面； 　　（2）项目设计任务书； 　　（3）考核表； 　　（4）摘要、关键词； 　　（5）目录； 　　（6）正文（包括需求分析、总体设计、详细设计、系统调试、设计结果、设计总结等部分）； 　　（7）参考文献； 　　（8）附录（包括原理图、流程图、程序等）。

时间安排	起止时间	工作内容
	第一天	通过阅读提供的资料，以及网上查找的资料，深入理解设计任务，掌握其设计原理，了解其设计框架，明确自己要做的工作。
	第二天	（1）安装"所需资源"中"软件资源"对应的软件。 　　（2）领取或找到项目设计需要用到的 XSRP 软件无线电平台及其各种配件，掌握硬件平台的基本使用方法。 　　（3）按照设计指南介绍的方法，运行提供的案例程序，测试该项目最终的实现效果。
	第三天	分析项目设计内容，根据设计指南，明确自己所缺的软硬件知识并做针对性补充。
	第四至第七天	读懂案例程序的框架，按照设计指南的要求编写核心部分程序并进行测试。
	第八天	与 XSRP 软件无线电平台硬件联调，测试其功能，并优化指标。
	第九天	编写项目设计报告。
	第十天	修改项目设计报告，打印项目设计报告并提交。

参考资料	［1］樊昌信，曹丽娜. 通信原理［M］. 7 版. 北京：国防工业出版社，2021 　　［2］张瑾，周原. 基于 MATLAB/Simulink 的通信系统建模与仿真［M］. 2 版. 北京：北京航空航天大学出版社，2017. 　　［3］陈树学，刘萱. LabVIEW 宝典［M］. 北京：电子工业出版社，2017.
主要设备	（1）XSRP 软件无线电平台 1 台（包含其全部配件）。 （2）计算机 1 台（装有 Matlab 2012b、LabVIEW 2015 等软件）。

7.2　设计指南

7.2.1　设计任务解读

1. 设计要求

基于软件无线电平台的 CDMA 通信系统发射机主要实现三部分功能:一是产生一帧 CDMA 信号;二是将产生的这帧 CDMA 信号通过千兆网口发送给 XSRP 硬件,XSRP 硬件缓存这帧信号,并循环发送;三是控制 XSRP 硬件射频部分的发射、接收频点以及发射、接收增益等。本设计的重点内容是产生 CDMA 信号,学生必须了解 CDMA 信号产生的原理并编程实现其中的扩频和加扰等过程,第二部分和第三部分内容作为可选内容,学生只需了解如何通过 LabVIEW 编程调用 XSRP 硬件接口即可。

2. 设计难度分级

本项目设计共有三级难度(表7.2),可以根据自己的实际情况选择。

表 7.2　设计难度分级

难度级数	任务内容	说明
三级	(1) 效果验证。提供了案例程序,打开并运行该程序,可以提前了解项目要求实现的效果。 (2) 编写核心代码。案例中实现的核心过程已被封装,学生看不见程序代码,需要自己编写。 (3) 编写核心程序。需要编写程序的部分已经提供了全部子模块程序(子 VI),学生需要先读懂提供的程序,然后把这些提供的子模块程序按正确的方式串接起来,再进行软硬件联调,得到和验证方式一样的效果。	本本项目设计按此难度级数介绍相关内容
二级	(1) 效果验证。提供了案例程序,打开并运行该程序,可以提前了解项目要求实现的效果。 (2) 编写核心代码。案例中效果实现的核心过程已被封装,学生看不见程序代码,需要自己编写。 (3) 编写核心程序。需要编写核心过程的程序,而这些程序是不提供任何子模块程序或参考设计的。	
一级	只提供项目设计的要求、设备的使用方法和设备调用的接口,不提供任何子模块程序,全部程序的编写和软硬件联调由学生自己完成。	

3. 软件无线电平台使用

本项目设计中学生需要掌握 XSRP 软件无线电平台调用其射频部分、基带部分等的基本使用方法。

4. 与普通实验的差别

项目设计,属于目标导向式设计(一般的实验都有详细的实验指导书,按照指导书正确操作就能得到正确的实验结果,而项目设计是没有指导书的),需要根据设计任务分解并掌控设计的全过程,通过查找和阅读相关资料,编写程序,调试程序,最终达到设计任务的要求,填写项目设计报告。简而言之,项目设计是对学生综合能力的全方位检阅,不仅仅检阅学生的技术能力,还有其目标管理、时间管理、资源获取、解决问题和逻辑分析的能力等。

7.2.2　设计原理

1. 原理框图

本项目设计中 CDMA 信号的产生基本遵照 3GPP 定义的 WCDMA 系统物理层的处理过程,只是根据 XSRP 的硬件资源做了少量的参数调整以及部分简化。

CDMA 信号产生原理框图如图 7.1 所示。

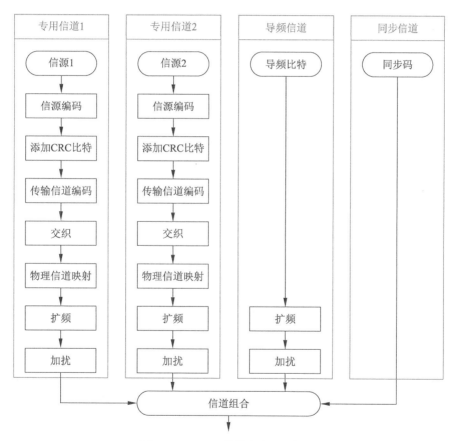

图 7.1　CDMA 信号产生原理框图

本项目设计中省略了交织和物理信道映射过程。

3GPP 定义的 WCDMA 系统下行专用信道的帧结构如图 7.2 所示。

每一帧分成了 15 个时隙,每个时隙有 2560 个码片,承载的比特除了数据比特外,还有用于功率控制、格式检测等的 TPC、TFCI 以及导频比特等。本项目设计简化为只承载数据比特,且每一帧只有 6 个时隙,每个时隙仍然是 2560 个码片。

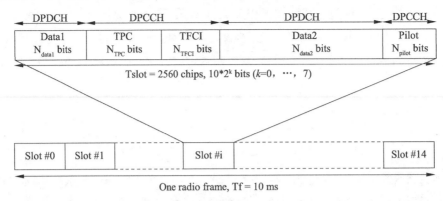

图 7.2　WCDMA 系统下行专用信道帧结构

2. 实现原理

用 LabVIEW 打开提供的 DEMO(CDMA_Tx_Main.vi)程序框图,如图 7.3 所示。

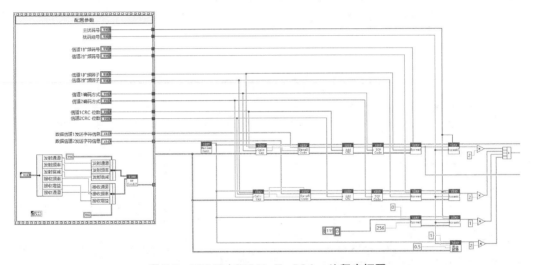

图 7.3　DEMO(CDMA_Tx_Main.vi)程序框图

信道处理程序框图如图 7.4 所示。这一部分包含两个专用信道、一个导频信道和一个同步信道的处理过程。图中第一行是专用信道 1 的处理,与原理框图中的专用信道 1 的处理过程是完全一致的(简化了交织和物理信道映射过程);下面三行分别对应专用信道 2、导频信道和同步信道的处理过程。

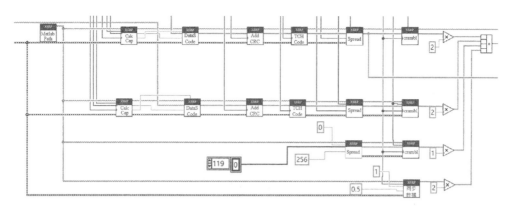

图 7.4　信道处理程序框图

参数配置部分程序框图如图 7.5 所示。"配置参数"框的上半部分是配置 CDMA 信号的各种参数及输入的信源(发送字符信息),下半部分是配置 XSRP 硬件的射频参数,不需要更改。

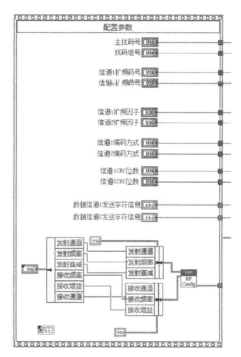

图 7.5　参数配置程序框图

下面逐个解释信道处理部分各程序框图的原理与实现。

(1) Matlab 路径设置

用户设置的 LabVIEW 程序调用 Matlab 代码的路径,不需要做任何更改。

(2) 信源数据量计算

根据 CDMA 信号的参数配置计算一帧 CDMA 信号可以承载的信息量大小。该框调用的.m 文件是 CDMA_TxCalDataNum.m。

一帧 CDMA 信号的码片数量是一定的(这里是 2560×6),扩频因子越大,可以承载的信息量越小(但抗干扰能力越强,因此一些重要的信息,如信令等,用较大的扩频因子传输)。另外,编码方式和 CRC 比特数量也会影响承载信息量的大小。

(3)信源编码

将界面输入的字符按照 ASCII 码编码规则转换为二进制数。该框调用的.m 文件是 CDMA_TxMsgEncode.m。

需要说明的是,为了告知接收端发送数据的大小(因为要发送的数据不一定恰好填充满一帧数据),真实系统一般都是通过公共信道广播或以信令形式告知接收方。为了简化设计,在信源数据的前 16 比特填充有效信息的大小。

(4)添加 CRC

在信源编码后的数据后部添加 CRC 比特。该框调用的.m 文件是 CDMA_TxCRCattach.m。

传输块上的循环冗余校验 CRC 提供差错检测功能。接收端将接收到的传输块数据再次进行 CRC 编码,将编码得到的 CRC 比特与接收到的 CRC 比特进行比较,如果不一致,则接收端认为接收到的传输块数据是错误的。

CRC 长为 24、16、12、8 或 0 比特,CRC 比特越长,则接收端差错检测的遗漏概率越低。整个传输块被用来计算 CRC。CRC 比特的产生来自循环多项式:

$$g_{CRC24}(D) = D^{24}+D^{23}+D^6+D^5+D+1$$

$$g_{CRC16}(D) = D^{16}+D^{12}+D^5+1$$

$$g_{CRC12}(D) = D^{12}+D^{11}+D^3+D^2+D+1$$

$$g_{CRC8}(D) = D^8+D^7+D^4+D^3+D+1$$

带有 CRC 的码块的输入输出关系:传输块数据顺序不变,CRC 比特倒序后添加到传输块数据的后面。

(5)传输信道编码

将前序处理的数据进行传输信道编码。该框调用的.m 文件是 CDMA_TxTrchCoder.m。

信道编码是为了使接收机能够检测和纠正由于干扰带来的误码。同时,由于在数据流中加入了冗余信息,因而降低了数据传输效率。

用 K_i 表示被编码码块的大小,Y_i 表示编码后码块的大小,K 表示编码器的约束长度,G 为编码比特的生成多项式,则 WCDMA 系统中使用的各种信道编码方式如表 7.3 所示。

表 7.3　WCDMA 系统中使用的各种信道编码方式

编码方式	定义	输入输出关系	最大码块大小
1/2 卷积码	$K=9$，$G_0=561$，$G_1=753$	$Y_i=2\times(K_i+8)$	504
1/3 卷积码	$K=9$，$G_0=557$，$G_1=663$，$G_2=711$	$Y_i=3\times(K_i+8)$	504
Turbo 码	并行 $K=4$ 半速 RSC 码	$Y_i=3\times K_i+12$	5114
不编码		$Y_i=K_i$	

（6）扩频

将信道编码后的数据进行扩频。该框调用的文件是 CDMA_TxSpreading.p 或 CDMA_TxSpreading.m，优先调用.p 文件。这里.m 文件只给出了函数定义和输入输出参数定义，需要学生自己完成扩频功能。调试时将.p 文件转移到其他路径后 LabVIEW 程序就会调用学生自己编写的.m 文件。

WCDMA 是一种码分多址通信系统。码分多址是一种利用扩频技术所形成的不同的码序列实现多址的方式。它不像 FDMA、TDMA 那样把用户的信息从频率和时间上进行分离，它可以在一个信道上同时传输多个用户的信息。其关键是信息在传输前要进行特殊的编码（也就是扩频），编码后的信息混合后不会丢失原来的信息。有多少个互为正交的码序列，就可以有多少个用户同时在一个载波上通信。每个发射机都有自己唯一的代码（扩频码），同时接收机也知道要接收的代码，用这个代码作为信号的滤波器，接收机就能从所有其他信号的背景中恢复成原来的信息码（解扩）。

WCDMA 系统采用 OVSF 码作为扩频码（也称为信道化码）。OVSF 码的特性如下：

① 对于长度一定的 OVSF 码组，包含的码字总数与其码长度相等，即共有 SF 个长度为 SF 的 OVSF 码。

② 长度相同的不同码字之间相互正交，其互相关值为 0。

由于 OVSF 码具有以上特征，因而被 WCDMA 系统用于对物理信道比特信息进行扩频。它的可变长度性质可以适应通信中的多速率业务，其正交性为减小信道间的干扰做出了贡献。

信道化码序列的定义如图 7.6 所示。信道化码序列记作 $C_{ch,SF,k}$，其中 SF（Spreading Factor）为扩频因子，k 为码字序号，$0\leqslant k\leqslant SF-1$。码树中的每一层对应于图 7.6 中 SF 表示的信道化码序列的长度。

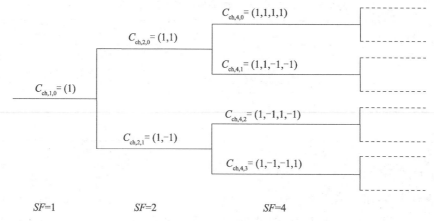

SF=1　　　　　　SF=2　　　　　　SF=4

图 7.6　OVSF 码序列的构成

信道化码序列的产生公式为

$$C_{\mathrm{ch},1,0} = 1$$

$$\begin{bmatrix} C_{\mathrm{ch},2,0} \\ C_{\mathrm{ch},2,1} \end{bmatrix} = \begin{bmatrix} C_{\mathrm{ch},1,0} & C_{\mathrm{ch},1,0} \\ C_{\mathrm{ch},1,0} & -C_{\mathrm{ch},1,0} \end{bmatrix} = \begin{bmatrix} 1 & 1 \\ 1 & -1 \end{bmatrix}$$

$$\begin{bmatrix} C_{\mathrm{ch},2^{(n+1)},0} \\ C_{\mathrm{ch},2^{(n+1)},1} \\ C_{\mathrm{ch},2^{(n+1)},2} \\ C_{\mathrm{ch},2^{(n+1)},3} \\ \cdots \\ C_{\mathrm{ch},2^{(n+1)},2^{(n+1)}-2} \\ C_{\mathrm{ch},2^{(n+1)},2^{(n+1)}-1} \end{bmatrix} = \begin{bmatrix} C_{\mathrm{ch},2^n,0} & C_{\mathrm{ch},2^n,0} \\ C_{\mathrm{ch},2^n,0} & -C_{\mathrm{ch},2^n,0} \\ C_{\mathrm{ch},2^n,1} & C_{\mathrm{ch},2^n,1} \\ C_{\mathrm{ch},2^n,1} & -C_{\mathrm{ch},2^n,0} \\ \cdots & \cdots \\ C_{\mathrm{ch},2^n,2^n-1} & C_{\mathrm{ch},2^n,2^n-1} \\ C_{\mathrm{ch},2^n,2^n-1} & -C_{\mathrm{ch},2^n,2^n-1} \end{bmatrix}$$

(7) 加扰

将扩频后的数据进行加扰。该框调用的文件是 CDMA_TxScrambling.p 或 CDMA_Tx-Scrambling.m,优先调用.p 文件。这里.m 文件只给出了函数定义和输入输出参数定义,需要学生自己完成加扰功能。调试时,将.p 文件转移到其他路径后 LabVIEW 程序就会调用学生自己编写的.m 文件。

WCDMA 系统中采用 Gold 序列作为扰码。Gold 序列由两个互为优选对的 m 序列相加构成,Gold 序列的特性如下:

① Gold 码序列具有三值自相关特性,其旁瓣的极大值满足优选对条件。

② 2 个 m 序列优选对不同移位相加产生的新序列都是 Gold 序列。对于 n 阶 m 序列,总共有 2n-1 个不同的相对位移,加上原来的 2 个 m 序列本身,可以产生 2n+1 个不同的 Gold 序列。因此,使用同样阶数的移位寄存器,可以产生的 Gold 序列数比 m 序列数多得多。

③ 同类 Gold 序列互相关性满足优选对条件。其旁瓣的极大值不超过该 m 序列的互相关函数的最大值。

④ Gold 序列的自相关性不如 m 序列,但是其互相关性比 m 序列好。

因此,WCDMA 系统中扰码用于区分不同信源(也就是不同的基站和手机),OVSF 码用于区分来自同一信源的传输。

复扰码序列 zn 由 2 个实数序列 x 和 y 相加得到,每个实数序列由 2 个 18 位多项式产生 2 个二进制 m 序列,然后每 38400 个码片按位 mod 2 加,得到的序列是 Gold 序列的片段。10 ms 的无线帧重复使用该扰码序列。

x 序列的本原多项式为 $1+X^7+X^{18}$,初值为 $x(0)=1$,$x(1)=x(2)=\cdots=x(16)=x(17)=0$,其后序列的递归定义为 $x(i+18)=x(i+7)+x(i)\ \mathrm{mod}\ 2$, $i=0,\cdots,2^{18}-20$。

y 序列的本原多项式为 $1+X^5+X^7+X^{10}+X^{18}$,初值为 $y(0)=y(1)=\cdots=y(16)=y(17)=1$,其后序列的递归定义为 $y(i+18)=y(i+10)+y(i+7)+y(i+5)+y(i)\ \mathrm{mod}\ 2$, $i=0,\cdots,2^{18}-20$。

第 n 个 Gold 码序列 z_n 定义为

$z_n(i)=x[(i+n)\ \mathrm{mod}\ (2^{18}-1)]+y(i)\ \mathrm{mod}\ 2$, $n=0,1,2,\cdots,2^{18}-2,i=0,\cdots,2^{18}-2$

这些二进制序列采用下列变换转化为实数序列 Z_n:

$$Z_n(i)=\begin{cases}1, z_n(i)=0\\-1, z_n(i)=1\end{cases}\quad (i=0,1,\cdots,2^{18}-2) \tag{7.1}$$

第 n 个复数扰码序列定义为

$$Sdl,n(i)=Z_n(i)+\mathrm{j}\,Z_n[(i+131072)\ \mathrm{mod}\ (2^{18}-1)], i=0,1,\cdots,38399 \tag{7.2}$$

下行链路扰码序列的长度为 38400 码片,一共有 $2^{18}-1=262143$ 个扰码序列,序号的排列范围为 0～262142,但系统只使用部分扰码序列。这些扰码序列分成 512 个集,每个集包括 1 个主扰码序列和 15 个辅扰码序列。主扰码序列的序号为 $n=16i$,其中 $i=0$,$1,\cdots,511$。第 i 个辅扰码集中的扰码序列序号为 $n=16i+k$,其中 $k=1,2,\cdots,15$。每个集合的主扰码和 15 个辅扰码是一一对应的,即第 i 个主扰码对应于第 i 个辅扰码集合。这样,实际系统使用的扰码序列的序号限定为 $k=0,1,\cdots,8191$。主扰码集合分成 64 个扰码组,每组包括 8 个主扰码序列。第 j 个扰码序列组内的扰码序列的序号为 $n=16\times 8j+16k$,其中 $j=0,1,\cdots,63,k=0,1,\cdots,7$。

本设计中的扰码都选用主扰码,且因为每帧码片只有 15360 个,因此本设计中的扰码只取主扰码的前 15360 个码片。

(8)导频信道

导频信道的实现流程如图 7.7 所示。

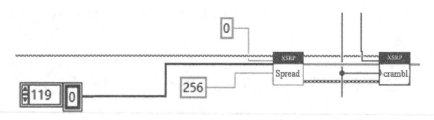

图 7.7　导频信道的实现方式

公共导频信道 CPICH 是一个不编码信道,它的功能是在用户设备端辅助专用信道作信道估计。CPICH 具有固定的比特速率 30 kbit/s,扩频因子 SF 固定为 256。

按照标准 WCDMA 系统一帧有 38400 个码片计算,CPICH 的比特数量为 38400/256×2=300,而本设计中一帧只有 15360 个码片,因此 CPICH 的比特数量为 15360/256×2＝120。而导频信道的调制信号固定为 $1+i$,对应的比特为(0,0),因此 CPICH 信道的输入数据为 0~119 个 0。

按照协议规定,CPICH 采用固定信道化码序列 C_{ch},256,0,因此扩频模块的输入参数扩频因子为 256,扩频码号为 0。

(9) 同步信道

同步信道的实现流程如图 7.8 所示。

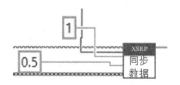

图 7.8　同步信道的实现流程

同步信道的产生调用的文件是 CDMA_ TxSCH.p 或 CDMA_ TxSCH.m,优先调用.p 文件。这里.m 文件只给出了函数定义和输入输出参数定义,需要学生自己完成生成同步信道功能。调试时,将.p 文件转移到其他路径后 LabVIEW 程序就会调用自己编写的.m 文件。

为了简化设计,WCDMA 系统在下行链路上专门设计了同步信道,在同步信道中发射同步码。

主同步码记作 C_{psc},称为总分层格雷码序列,具有很好的非周期自相关性。系统内的所有小区的主同步码都是相同的,通过主同步码 UE 可以检测到小区的存在,并通过相关运算产生相关峰,找到到达 UE 的每个小区的时隙开始时间,与信号最强的小区取得时隙同步。

辅同步码(记作 C_{ssc})和小区所属的扰码组一一对应,并以帧为周期重复发送。UE 可以利用辅同步码来识别小区使用了哪个扰码的码组,还可以实现帧同步。

下行链路中,只有同步信道不需要进行扩频与加扰,而是直接对同步码进行 QPSK 调制,如图 7.9 所示。

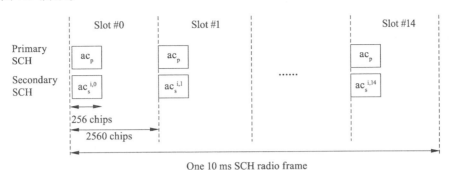

图 7.9　直接对同步码进行 QPSK 调制

基站只在每一时隙的前 256 码片传送 P-SCH 和 S-SCH 突发序列,在时隙的其余时间 SCH 不发送任何信号。

① 主同步码的产生。主同步码通过重复采用格雷互补序列调制的序列而获得,它是一个实部和虚部分离的复值序列,定义为

$$C_{psc} = (1+j) \times \langle a, a, a, -a, -a, a, -a, -a, a, a, a, -a, a, -a, a, a \rangle$$

式中:$a = \langle x_1, x_2, x_3, \cdots, x_{16} \rangle = \langle 1, 1, 1, 1, 1, 1, -1, -1, 1, -1, 1, -1, 1, -1, -1, 1 \rangle$。

② 辅同步码的产生。16 个辅同步码 $\{C_{ssc,1}, \cdots, C_{ssc,16}\}$ 是实部和虚部相同的复值序列,它由一个 Hadamard 序列和 z 序列按位 mod 2 加得到。

z 序列定义为

$$z = \langle b, b, b, -b, b, b, -b, -b, b, -b, b, -b, -b, -b, -b, -b \rangle$$

式中:$b = \langle x_1, x_2, x_3, x_4, x_5, x_6, x_7, x_8, -x_9, -x_{10}, -x_{11}, -x_{12}, -x_{13}, -x_{14}, -x_{15}, -x_{16} \rangle$,$\langle x_1, x_2, x_3, \cdots, x_{16} \rangle = \langle 1, 1, 1, 1, 1, 1, -1, -1, 1, -1, 1, -1, 1, -1, -1, 1 \rangle$。

Hadamard 矩阵的定义为

$$H_0 = (1)$$

$$H_k = \begin{pmatrix} H_{k-1} & H_{k-1} \\ H_{k-1} & -H_{k-1} \end{pmatrix}, k \geqslant 1 \tag{7.3}$$

Hadamard 序列取值矩阵 H_8。从矩阵 H_8 的首行自上向下进行编号,起始序号为 0。序号为 n 的 Hadamard 序列记作 h_n。H_8 共有 256 行,因此 n 的取值从 0 到 255。从矩阵 H_8 的第 0 行开始,每隔 16 行选择一个 Hadamard 序列,记作 h_m,因此 h_m 共包括序号 $m = \{0, 16, 32, 48, 64, 80, 96, 112, 128, 144, 160, 176, 192, 208, 224, 240\}$ 的 16 个 Hadamard 序列。

第 k 个辅同步码为

$$C_{ssc,k} = (1+j) \times \langle h_m(0) \times z(0), h_m(1) \times z(1), h_m(2) \times z(2), \cdots, h_m(255) \times z(255) \rangle$$

③ 同步码的分配。整个 WCDMA 系统采用同一个主同步码。辅同步码共有 16 个,

通过排列组合,每16个码编成一组,总共组合成64个不同的码序列组,与下行链路主扰码的64个扰码组一一对应。由此可以推断出小区选用辅同步码的步骤,首先找到本小区主扰码属的扰码组,就可以找到对应的辅同步码序列,每一个时隙对应一个辅扰码组号,根据该辅扰码号就可以找到计算同步信道的同步码。辅同步码的分配如表7.4所示。

表 7.4　辅同步码的分配

扰码组	Slot 数量														
	#0	#1	#2	#3	#4	#5	#6	#7	#8	#9	#10	#11	#12	#13	#14
Group 0	1	1	2	8	9	10	15	8	10	16	2	7	15	7	16
Group 1	1	1	5	16	7	3	14	16	3	10	5	12	14	12	10
Group 2	1	2	1	15	5	5	12	16	6	11	2	16	11	15	12
Group 3	1	2	3	1	8	6	5	2	5	8	4	4	6	3	7
Group 4	1	2	16	6	6	11	15	5	12	1	15	12	16	11	2
Group 5	1	3	4	7	4	1	5	5	3	6	2	8	7	6	8
Group 6	1	4	11	3	4	10	9	2	11	2	10	12	12	9	3
Group 7	1	5	6	6	14	9	10	2	13	9	2	5	14	1	13
Group 8	1	6	10	10	4	11	7	13	16	11	13	6	4	1	16
Group 9	1	6	13	2	14	2	6	5	5	13	10	9	1	14	10
Group 10	1	7	8	5	7	2	4	3	8	3	2	6	6	4	5
Group 11	1	7	10	9	16	7	9	15	1	8	16	8	15	2	2
Group 12	1	8	12	9	9	4	13	16	5	1	13	5	12	4	8
Group 13	1	8	14	10	14	1	15	15	8	5	11	4	10	5	4
Group 14	1	9	2	15	15	16	10	7	8	1	10	8	2	16	9
Group 15	1	9	15	6	16	2	13	14	10	11	7	4	5	12	3
Group 16	1	10	9	11	15	7	6	4	16	5	2	12	13	3	14
Group 17	1	11	14	4	13	2	9	10	12	16	8	5	3	15	6
Group 18	1	12	12	13	14	7	2	8	14	2	1	13	11	8	11
Group 19	1	12	15	5	4	14	3	16	7	8	6	2	10	11	13
Group 20	1	15	4	3	7	6	10	13	12	5	14	16	8	2	11
Group 21	1	16	3	12	11	9	13	5	8	2	14	7	4	10	15
Group 22	2	2	5	10	16	11	3	10	11	8	5	13	3	13	8
Group 23	2	2	12	3	15	5	8	3	5	14	12	9	8	9	14
Group 24	2	3	6	16	12	16	3	13	13	6	7	9	2	12	7
Group 25	2	3	8	2	9	15	14	3	14	9	5	5	15	8	12

扰码组	Slot 数量														
	#0	#1	#2	#3	#4	#5	#6	#7	#8	#9	#10	#11	#12	#13	#14
Group 26	2	4	7	9	5	4	9	11	2	14	5	14	11	16	16
Group 27	2	4	13	12	12	7	15	10	5	2	15	5	13	7	4
Group 28	2	5	9	9	3	12	8	14	15	12	14	5	3	2	15
Group 29	2	5	11	7	2	11	9	4	16	7	16	9	14	14	4
Group 30	2	6	2	13	3	3	12	9	7	16	6	9	16	13	12
Group 31	2	6	9	7	7	16	13	3	12	2	13	12	9	16	6
Group 32	2	7	12	15	2	12	4	10	13	15	13	4	5	5	10
Group 33	2	7	14	16	5	9	2	9	16	11	11	5	7	4	14
Group 34	2	8	5	12	5	2	14	14	8	15	3	9	12	15	9
Group 35	2	9	13	4	2	13	8	11	6	4	6	8	15	15	11
Group 36	2	10	3	2	13	16	8	10	8	13	11	11	16	3	5
Group 37	2	11	15	3	11	6	14	10	15	10	6	7	7	14	3
Group 38	2	16	4	5	16	14	7	11	4	11	14	9	9	7	5
Group 39	3	3	4	6	11	12	13	6	12	14	4	5	13	5	14
Group 40	3	3	6	5	16	9	15	5	9	10	6	4	15	4	10
Group 41	3	4	5	14	4	6	12	13	5	13	6	11	11	12	14
Group 42	3	4	9	16	10	4	16	15	3	5	10	5	15	6	6
Group 43	3	4	16	10	5	10	4	9	9	16	15	6	3	5	15
Group 44	3	5	12	11	14	5	11	13	3	6	14	6	13	4	4
Group 45	3	6	4	10	6	5	9	15	4	15	5	16	16	9	10
Group 46	3	7	8	8	16	11	12	4	15	11	4	7	16	3	15
Group 47	3	7	16	11	4	15	3	15	11	12	12	4	7	8	16
Group 48	3	8	7	15	4	8	15	12	3	16	4	16	12	11	11
Group 49	3	8	15	4	16	4	8	7	7	15	12	11	3	16	12
Group 50	3	10	10	15	16	5	4	6	16	4	3	15	9	6	9
Group 51	3	13	11	5	4	12	4	11	6	6	5	3	14	13	12
Group 52	3	14	7	9	14	10	13	8	7	8	10	4	4	13	9
Group 53	5	5	8	14	16	13	6	14	13	7	8	15	6	15	7
Group 54	5	6	11	7	10	8	5	8	7	12	12	10	6	9	11
Group 55	5	6	13	8	13	5	7	7	6	16	14	15	8	16	15
Group 56	5	7	9	10	7	11	6	12	9	12	11	8	8	6	10

扰码组	Slot number														
	#0	#1	#2	#3	#4	#5	#6	#7	#8	#9	#10	#11	#12	#13	#14
Group 57	5	9	6	8	10	9	8	12	5	11	10	11	12	7	7
Group 58	5	10	10	12	8	11	9	7	8	9	5	12	6	7	6
Group 59	5	10	12	6	5	12	8	9	7	6	7	8	11	11	9
Group 60	5	13	15	15	14	8	6	7	16	8	7	13	14	5	16
Group 61	9	10	13	10	11	15	15	9	16	12	14	13	16	14	11
Group 62	9	11	12	15	12	9	13	13	17	14	10	16	15	14	16
Group 63	9	12	10	15	13	14	9	14	15	11	11	13	12	16	10

本设计中只选取了前 6 个时隙。

3. 功能验证

Step1：打开"基于软件无线电平台的 CDMA 通信系统发射机设计"对应的程序源码，找到"CDMA_Tx_Main.vi"文件并打开，如图 7.10 所示。

图 7.10　CDMA_Tx_Main.vi 文件所在位置

注意：所有的程序代码都要保存在非中文路径下。

Step2：打开"CDMA_Tx_Main".vi 文件后弹出如图 7.11 所示界面。

Step3：设置射频和信号参数，点击左上角的"RUN"按键 ⇨ 。

参数配置的原则如下：

（1）发射频率与接收频率的参数配置要完全一致。

（2）如果信号过大，可以增大发射衰减；如果信号过小，可以减小发射衰减或增大接收增益（因为增加接收增益也会增加接收机的噪声，所以建议优先减小发射衰减）。

（3）两个信道的扩频码不能设为相同，也不能选用 OVSF 码树中的同一分支，因为这样会使两个信道的扩频码失去正交性，导致相互干扰。

（4）基于上面的原因，因为导频信道使用了 $C_{\text{ch},256,0}$ 的扩频码，所以两个信道的扩频码号均不能设为 0。

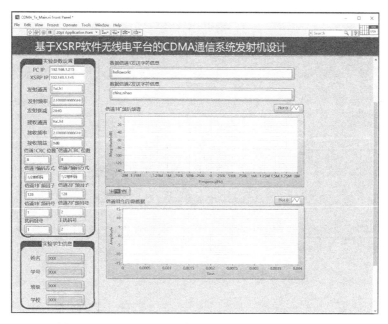

图 7.11　CDMA 通信系统发射机设计程序前面板界面

Step4：当弹出如图 7.12 所示界面时，CDMA 发射机程序运行完成。

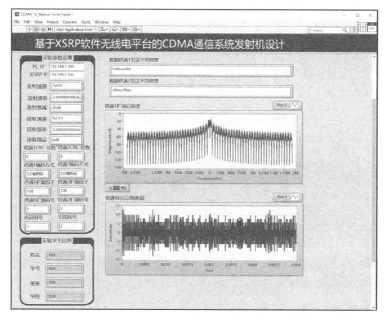

图 7.12　CDMA 发射机程序运行完成

Step5：运行调试工具 CDMA_RX.exe（图 7.13）以检验发射信号是否正确（因为比较占用资源，所以需要耐心等待几分钟），弹出如图 7.14 所示界面。

Step6：将接收端的参数配置成与发送端的一致，点击"Start"按键，等待程序运行。

图 7.13　运行 CDMA_RX.exe 调试工具

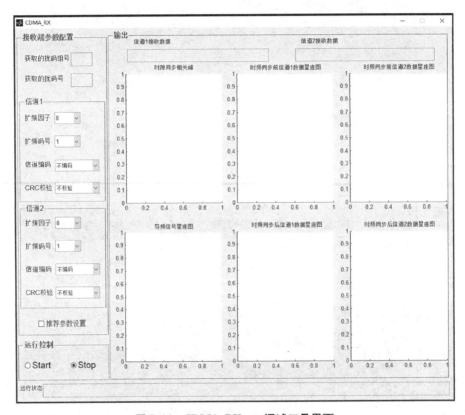

图 7.14　CDMA_RX.exe 调试工具界面

注意:运行完后要点击"Stop"按键停止运行,否则该程序会一直占用网口资源,其他程序(包括 DEMO 程序)就无法使用该网口。

正确的运行结果如图 7.15 所示。

(1) 接收端利用同步码相关和扰码相关获取的扰码组号为 1,扰码号为 2,与发射端的配置一致。

(2) 信道 1 接收的数据为"helloworld"和"china,nihao",与发射端的输入一致。

(3) 接收端通过主同步码相关运算获得的时隙同步相关峰很尖锐,最大值处即为时隙的起始时刻。

（4）导频信号星座图实际接收信号点（用蓝色表示）很密集，表明接收质量较好。

（5）导频信号星座图中实际接收信号点的位置与理想信号$1+i$的位置有一定的角度偏差，这是因为接收机和发射机存在相位偏差。

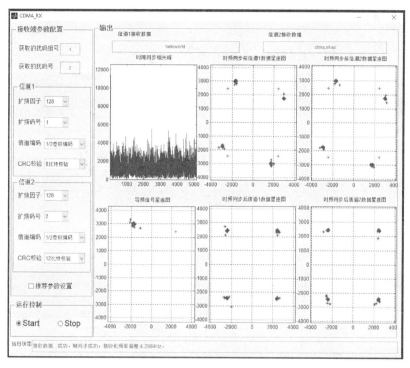

图 7.15　运行结果

（6）基于上述原因，时频同步前信道 1 数据星座图中实际接收信号点与理想信号$\pm1\pm i$的位置存在同样的角度偏差。

（7）时频同步后信道 1 数据星座图实际信号的位置与理想信号的位置一致，这是因为接收端利用已知导频信号的相位偏差纠正了信道 1 数据的相位偏差。

注意：上述结果是在发射机和接收机使用同一台设备（同一频率源）且设置频率完全一致的情况下获取的，这种情况下发射机和接收机之间只存在固定的相位差，而不存在频率差。如果发射机和接收机使用不同的频率源或将两者的频率设置的略有偏差，得到的星座如图 7.16 所示，产生这种情况的原因可以自行思考。

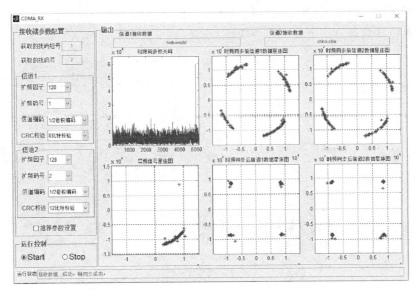

图 7.16　星座图

4. 程序解读(不需要编程但需要读懂的部分)

参见功能验证的程序注释。

5. 程序设计(需要编程的部分)

(1) 扩频

在 CDMA_TxSpreading.m 文件中实现函数:

Function [out_data] = CDMA_TxSpreading(input_data, sf, ovsf_No)

① 输入参数:

input_data:输入数据,数据长度为 15360×2/sf,数据类型为 0 或 1 的实数。

sf:扩频因子,信道 1 和信道 2 的扩频因子由界面中的"信道 1 扩频因子"和"信道 2 扩频因子"输入,导频信道的扩频因子固定为 256。

ovsf_No:扩频码号,信道 1 和信道 2 的扩频因子由界面中的"信道 1 扩频码号"和"信道 2 扩频码号"输入,导频信道的扩频码号固定为 0。

② 输出参数:

out_data:输出数据,数据长度为 15360,数据类型为 ±1±i 的复数。

③ 功能:串并转换,将输入数据串并转换为 I 路和 Q 路两个数组;映射,根据 3GPP 协议要求,将 0 映射为 1,1 映射为-1;生成 OVSF 扩频码;分别对 I 路和 Q 路数据扩频;I 路和 Q 路数据合成复数。

(2) 加扰

在 CDMA_TxScrambling.m 文件中实现函数:

functionout_data = CDMA_TxScrambling(input_data, group_num, scramble_num)

① 输入参数：

input_data：输入数据，数据长度为 15360，数据类型为 $\pm 1 \pm i$ 的复数。

group_num：扰码组号，由界面中的"扰码组号"输入。

scramble_num：主扰码号，由界面中的"主扰码号"输入。

② 输出参数：

out_data：输出数据，数据长度为 15360，数据类型为 $\pm 1 \pm i$ 的复数。

③ 功能：生成扰码（只取前 15360 个码片）；用生成的扰码对输入数据进行加扰。

（3）生成同步信道

在 CDMA_TxSCH.m 文件中实现函数：

Function $[\text{out\_data}] = \text{CDMA\_TxSCH}(\text{Gp}, \text{Gs}, \text{group\_num})$

① 输入参数：

Gp：主同步信道 PSCH 增益，本设计中在 LabVIEW 代码中给出数值 1。

Gs：辅同步信道 SSCH 增益，本设计中在 LabVIEW 代码中给出数值 0.5。

group_num：扰码组号，即辅扰码号，由界面中的"扰码组号"输入。

② 输出参数：

out_data：输出数据，数据长度为 15360，数据类型为复数。

③ 功能：生成主同步码；生成辅同步码；组帧。

组帧的规则如下：

a. 一帧共 6 个时隙，每个时隙有 2560 个数据，同步码只填充每个时隙的前 256 个数据。

b. 每个时隙的主同步码相同，辅同步码根据表 7.4 分配。例如，系统选取的扰码组号为 1，则按照表 7.4 的第一行 Group 0（因为 Matlab 的数组序号从 1 开始，所以界面输入的扰码组号 1 对应 3GPP 协议的 Group 0）分配，也就是时隙 1 的前 256 个比特使用辅同步码 1，时隙 2 使用辅同步码 1，时隙 3 使用辅同步码 2，时隙 4 使用辅同步码 8，以此类推。

c. 每个时隙的前 256 个数据放入 Gp×主同步码+Gs×该时隙分配的辅同步码，后 2304 个数据填 0。

（4）程序调试

如果对 LabVIEW 的编程不是很熟练，可以在.m 文件中使用绘图函数观测中间过程的数据，也可以将输入输出数据保存下来，在 Matlab 环境下对编写的代码进行调试。

7.3　资源配置

1. 硬件资源

（1）XSRP 软件无线电平台及其相关连接线。

（2）计算机（操作系统：Windows 7 及其以上；以太网网卡：千兆）。

2. 软件资源

(1) LabVIEW 2015。

(2) Matlab 2012b。

7.4　工作安排

本项目设计的工作安排说明如表 7.5 所示。

表 7.5　工作安排说明

阶段	子阶段	主要任务
阶段 1	理解任务,掌握原理,了解框架	通过阅读提供的资料和网上查找的资料,深入理解设计任务,掌握其设计原理,了解其设计框架,明确自己要做的工作。
阶段 2	安装软件,领取设备,验证功能	(1) 安装"所需资源"中"软件资源"对应的软件。 (2) 领取或找到项目设计需要用到的 XSRP 软件无线电平台及其各种配件,掌握硬件平台的基本使用方法。 (3) 按照本项目设计指南介绍的方法,运行提供的案例程序,测试该项目最终的实现效果(相当于先看到了实现的效果,再倒过来完成实现的过程。案例中实现的过程已被封装,学生看不见程序代码,而这正是该项目需要学生完成的)。
阶段 3	补充所缺的知识	[1] 陈杰. MATLAB 宝典[M].4 版.北京:电子工业出版社,2013. [2] 陈树学,刘萱. LabVIEW 宝典[M].北京:电子工业出版社,2017.
阶段 4	读懂案例的框架,编写核心部分程序	(1) 在 LabVIEW 下打开案例程序,删掉已经被封装而无法看到内部程序的子 VI。 (2) 编写新的程序(一个或多个),与已经提供的程序对接,然后再测试功能。
阶段 5	软硬件联调	将编写好的各核心模块程序构建成系统程序,并与 XSRP 软件无线电平台硬件进行联调,测试其功能,并优化效果。
阶段 6	编写项目设计报告	按照任务书的相关要求,认真编写项目设计报告,完成后打印并提交。

项 目 **8**

基于软件无线电平台的 CDMA 通信系统
接收机设计

8.1 任务书

本项目设计的任务说明如表8.1所示。

表 8.1 任务书说明

任务书组成	说明
设计题目	基于软件无线电平台的 CDMA 通信系统接收机设计
设计目的	(1) 巩固通信原理的基础理论知识,并将理论知识应用到实践中。 (2) 通过软硬件结合的方式,构建简单通信系统并测试该系统的功能。 (3) 掌握通过 LabVIEW 软件和 XSRP 软件无线电平台实现通信系统的方法。 (4) 掌握通过 Matlab 进行通信系统算法仿真的方法。
设计内容	(1) 通过运行提供的 DEMO,了解 CDMA 接收机的参数设置、运行方法(可使用提供的调试工具 CDMA_TX.exe 发射信号)。 (2) 通过解读提供的 DEMO,了解 CDMA 接收机的程序流程和各功能框的功能。 (3) 从下列三个任务中选取一个: ① 编程实现 CDMA_ RxTimeslotSyn.m 中的 CDMA_ RxTimeslotSyn 子函数,代替 DEMO 中的 CDMA_ RxTimeslotSyn.p 文件。 ② 编程实现 CDMA_RxSCSearch.m 中的 CDMA_RxSCSearch 子函数,代替 DEMO 中的 CDMA_RxSCSearch.p 文件。 ③ 编程实现 CDMA_RxDespread.m 中的 CDMA_RxDespread 子函数,代替 DEMO 中的 CDMA_RxDespread.p 文件。 (4) 调试加入自己编写的.m 文件的 CDMA 接收机程序,要求能正确接收调试工具 CDMA_TX.exe 发射的信号。

设计要求	1. 功能要求
	    在提供的 DEMO 程序中,使用自己编写的.m 文件替代 DEMO 程序中的.p 文件,在 XSRP 软件无线电平台上运行 CDMA 接收机程序,要求能正确接收调试工具 CDMA_TX.exe 发射的信号。
	2. 指标要求
	    (1) 扩频因子和扩频码号可设置。
	    (2) CRC 位数可设置。
	    (3) 编码方式可设置。

任务书组成	说明
设计要求	3. 创新要求 　　与做"基于软件无线电平台的 CDMA 通信系统发射机设计"的同学进行联调,实现 CDMA 信号在 XSRP 软件无线电平台的发射和接收。
设计报告	1. 项目设计报告格式 　　按照学校要求的统一格式,提交一份纸质版的项目设计报告。设计报告正文的字体要求:大标题采用小三号宋体,小标题采用四号宋体,内容采用小四号宋体;行间距为 1.5 倍;设计报告从正文开始编页码;左侧装订;设计报告不少于 25 页。 2. 项目设计报告内容 　　(1) 封面; 　　(2) 设计任务书; 　　(3) 考核表; 　　(4) 摘要、关键词; 　　(5) 目录; 　　(6) 正文(包括需求分析、总体设计、详细设计、系统调试、设计结果、设计总结等部分); 　　(7) 参考文献; 　　(8) 附录(包括原理图、流程图、程序等)。

时间安排	起止时间	工作内容
	第一天	通过阅读提供的资料和网上查找的资料,深入理解设计任务,掌握其设计原理,了解其设计框架,明确自己要做的工作。
	第二天	(1) 安装"所需资源"中"软件资源"对应的软件。 　　(2) 领取或找到项目设计需要用到的 XSRP 软件无线电平台及其各种配件,掌握硬件平台的基本使用方法。 　　(3) 按照设计指南介绍的方法,运行提供的案例程序,测试该项目最终的实现效果。
	第三天	分析设计项目,根据设计指南明确自己所缺的软硬件知识并作针对性补充。
	第四至第七天	读懂案例程序的框架,按照设计指南的要求编写核心部分程序并进行测试。
	第八天	与 XSRP 软件无线电平台硬件联调,测试功能,优化指标。
	第九天	编写项目设计报告。
	第十天	修改项目设计报告,打印项目设计报告并提交。

参考资料	[1] 樊昌信,曹丽娜. 通信原理[M]. 7 版.北京:国防工业出版社,2021. [2] 张瑾,周原.基于 MATLAB/Simulink 的通信系统建模与仿真[M].2 版.北京:北京航空航天大学出版社,2017. [3] 陈树学,刘萱. LabVIEW 宝典[M].北京:电子工业出版社,2017.
主要设备	(1) XSRP 软件无线电平台 1 台(包含其全部配件)。 (2) 计算机 1 台(装有 Matlab 2012b、LabVIEW 2015 等软件)。

8.2　设计指南

8.2.1　设计任务解读

1. 设计内容

基于软件无线电平台的 CDMA 通信系统发射机主要实现三部分功能：一是控制 XSRP 硬件射频部分的发射、接收频点以及发射、接收增益等；二是通过千兆网口读取 XSRP 硬件接收的空口数据；三是将接收到的空口数据进行同步、解扰、解扩等处理，还原发射的数据。本项目设计的重点内容是接收 CDMA 信号，学生必须了解 CDMA 信号接收机的原理并编程实现其中的解扰和解扩等过程，第一部分和第二部分内容作为可选内容，学生了解如何通过 LabVIEW 编程调用 XSRP 硬件接口即可。

2. 设计难度分级

本项目设计共有三级难度(表 8.2)，学生可以根据自己的实际情况选择。

表 8.2　设计难度分级

难度级数	任务内容	说明
三级	（1）效果验证。提供了案例程序，打开并运行该程序，可以提前了解项目要求实现的效果。 （2）编写核心内容。案例中实现的核心程序已被封装，学生看不见程序代码，需要自己编写。 （3）明确编程任务。需要编写的部分已经提供了全部子模块程序（子 VI），学生需要先读懂提供的程序，然后把这些提供的子模块程序按正确的方式串接起来，再进行软硬件联调，要求得到和验证方式一样的效果。	本项目设计按此难度级数介绍相关内容
二级	（1）效果验证。提供了案例程序，打开并运行该程序，可以提前了解项目要求实现的效果。 （2）编写核心内容。案例中实现的核心过程已被封装，学生看不见程序代码，需要自己编写。 （3）明确编程任务。需要编写核心过程的程序，而这些程序是不提供任何子模块程序或参考设计的。	
一级	只提供项目设计的要求、设备使用的方法、设备调用的接口，不提供任何子模块程序，全部程序的编写和软硬件联调由学生自己完成。	

3. 软件无线电平台使用

本项目设计中学生需要掌握 XSRP 软件无线电平台调用其射频部分、基带部分等的基本使用方法(通过"XSRP 软件无线电平台无线收发软件测试软件"验证其主要功能)。

8.2.2　设计原理

1. 原理框图

本项目设计中 CDMA 信号产生基本遵照 3GPP 定义的 WCDMA 系统物理层的处理过

程,只是根据 XSRP 的硬件资源做了少量的参数调整以及部分简化。

CDMA 系统接收机设计原理框图如图 8.1 所示。

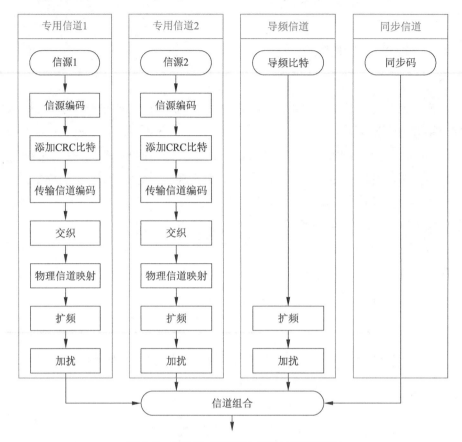

图 8.1　CDMA 系统接收机设计原理框图

本设计中省略了交织和物理信道映射过程。

3GPP 定义的 WCDMA 系统下行专用信道的帧结构如图 8.2 所示。

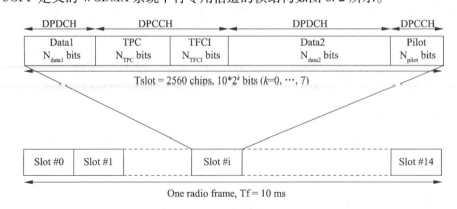

图 8.2　WCDMA 系统下行专用信道的帧结构

每一帧分成了 15 个时隙,每个时隙有 2560 个码片,承载的比特除了数据比特外,还有用于功率控制、格式检测等 TPC、TFCI 以及导频比特等。本设计简化为只承载数据比特,且每一帧只有 6 个时隙,每个时隙仍然是 2560 个码片。相应地,其接收过程框图如图 8.3 所示。

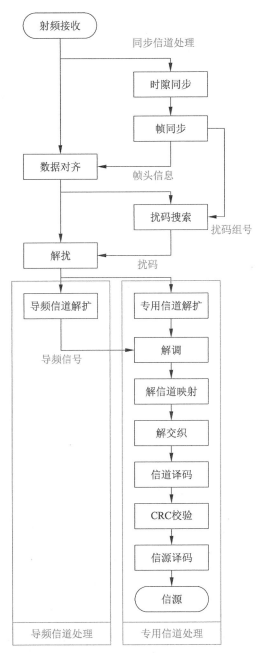

图 8.3　WCDMA 系统下行专用信道接收过程框图

本设计中省略了解信道映射和解交织的过程。

2. 实现原理

用 LabVIEW 打开提供的 DEMO(CDMA_Rx_Main.vi)的程序框图,如图 8.4 所示。

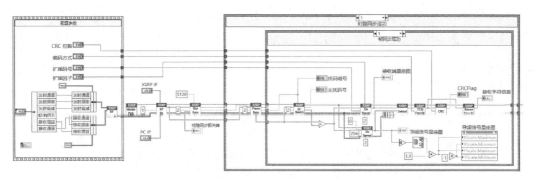

图 8.4　打开 CDMA_Rx_Main.vi 的程序框图

信道处理部分的框图如图 8.5 所示。其中,框 1 部分是时隙同步和帧同步,框 2 部分是扰码搜索及解扰,框 3 部分是专用信道的处理,框 4 部分是导频信道的处理。

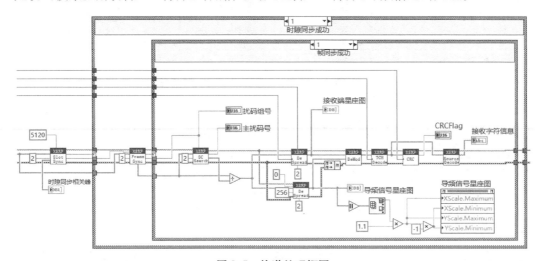

图 8.5　信道处理框图

参数配置部分的程序框图如图 8.6 所示。上半部分是配置 CDMA 信号的各种参数;下半部分是配置 XSRP 硬件的射频参数,不需要更改。

下面详细解释信道处理部分各框图的原理与实现。

(1) Matlab 代码路径设置

设置 LabVIEW 程序调用 Matlab 代码的路径,不需要更改。

(2) 配置接收网口数据参数,接收网口数据

配置接收网口数据参数(包括接收路由、采样速率、传输数据块大小、传输数据量等),并接收网口数据。该框调用的.m 文件是 CDMA_RxRFloopback.m。

(3) 时隙同步

利用主同步码的相关特性,寻找时隙头。该框调用的文件是 CDMA_ RxTimeslotSyn.p 或 CDMA_ RxTimeslotSyn.m,优先调用.p 文件。这里.m 文件只给出了函数定义和输入输出参数定义,需要学生自己完成时隙同步功能。调试时,将.p 文件转移到其他路径后 Lab-

VIEW 程序就会调用学生自己编写的.m 文件。

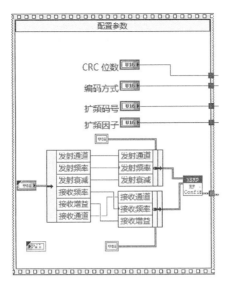

图 8.6　参数配置框图

为了简化设计,WCDMA 系统在下行链路上专门设计了同步信道,在同步信道中发射同步码。

主同步码记作 C_{psc},称为总分层格雷码序列,具有很好的非周期自相关性。系统内的所有小区的主同步码都是相同的,通过主同步码 UE 可以检测到小区的存在,并通过相关运算产生相关峰,找到到达 UE 的每个小区的时隙开始时间,与信号最强的小区取得时隙同步。

下行链路中,只有同步信道不需要进行扩频与加扰,而直接对同步码进行 QPSK 调制,如图 8.7 所示。

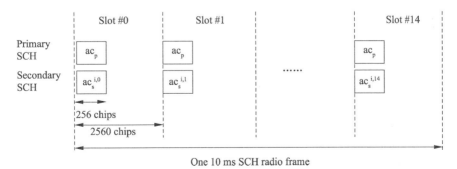

图 8.7　直接对同步码进行 QPSK 调制

基站只在每一时隙的前 256 码片传送 P-SCH 和 S-SCH 突发序列,在时隙的其余时间 SCH 不发送任何信号。

因此,只需要用主同步码对接收数据进行滑动相关运算,对应最大相关值的位置即为时隙开始的位置。

主同步码通过重复采用格雷互补序列调制的序列而获得,它是一个实部和虚部分离的复值序列,定义为

$$C_{psc} = (1+j) \times <a, a, a, -a, -a, a, -a, -a, a, a, a, -a, a, -a, a, a>$$

式中:$a = <x_1, x_2, x_3, \cdots, x_{16}> = <1, 1, 1, 1, 1, 1, -1, -1, 1, -1, 1, -1, 1, -1, -1, 1>$。

(4)帧同步 [Frame Sync.m]

利用辅同步码的相关特性获得帧同步信息和扰码组号。该框调用的.m 文件是 CDMA_RxFrameSyn.m。

辅同步码和小区所属的扰码组一一对应,并以帧为周期重复发送。UE 可以利用辅同步码来识别小区使用了哪个扰码的码组,还可以实现帧同步。

(5)扰码搜索 [SC Search.m]

利用帧同步处理获得的帧头信息以及扰码组号,用该扰码组内的 8 个主扰码逐个对一整帧数据进行相关运算,对应最大相关值的扰码就是发射信号使用的扰码。该框调用的文件是 CDMA_ RxSCSearch.p 或 CDMA_ RxSCSearch.m,优先调用.p 文件。这里.m 文件只给出了函数定义和输入输出参数定义,需要学生自己完成扰码搜索功能。调试时,将.p 文件转移到其他路径后 LabVIEW 程序就会调用学生自己编写的.m 文件。

WCDMA 系统中采用 Gold 序列作为扰码。Gold 序列 2 两个互为优选对的 m 序列相加构成,Gold 序列具的特性如下:

① Gold 码序列具有三值自相关特性,其旁瓣的极大值满足优选对条件。

② 2 个 m 序列优选对不同移位相加产生的新序列都是 Gold 序列。对于 n 阶 m 序列,总共有 $2n-1$ 个不同的相对位移,加上原来的 2 个 m 序列本身,可以产生 $2n+1$ 个不同的 Gold 序列。因此,使用同样阶数的移位寄存器,可以产生的 Gold 序列数比 m 序列数多得多。

③ 同类 Gold 序列互相关性满足优选对条件。其旁瓣的极大值不超过该 m 序列的互相关函数的最大值。

④ Gold 序列的自相关性不如 m 序列,但是互相关性比 m 序列好。

因此,WCDMA 系统中扰码用于区分不同信源(也就是不同的基站和手机),OVSF 码用于区分来自同一信源的传输。

复扰码序列 zn 由两个实数序列 x 和 y 相加得到,每个实数序列由两个 18 位多项式产生两个二进制 m 序列,然后每 38400 个码片按位 mod 2 加,得到 Gold 序列的片段。10 ms 的无线帧重复使用该扰码序列。

x 序列的本原多项式为 $1+X^7+X^8$,初值为 $x(0)=1, x(1)=x(2)=\cdots=x(16)=x(17)=0$,其后序列的递归定义为 $x(i+18)=x(i+7)+x(i) \bmod 2, i=0,\cdots,2^{18}-20$。

y 序列的本原多项式为 $1+X^5+X^7+X^{10}+X^{18}$,初始为 $y(0)=y(1)=\cdots=y(16)=y(17)=1$,其后序列的递归定义为 $y(i+18)=y(i+10)+y(i+7)+y(i+5)+y(i) \bmod 2, i=0,\cdots,2^{18}-20$。

第 n 个 Gold 码序列 z_n 定义为

$$z_n(i) = x\left[(i+n) \bmod (2^{18}-1)\right] + y(i) \bmod 2, n=0,1,2,\cdots,2^{18}-2, i=0,\cdots,2^{18}-2$$

这些二进制序列采用下面的变换转化为实数序列 Z_n，即

$$Z_n(i) = \begin{cases} 1, z_n(i)=0 \\ -1, z_n(i)=1 \end{cases} \quad (i=0,1,\cdots,2^{18}-2) \tag{8.1}$$

第 n 个复数扰码序列定义为

$$\text{Sdl}, n(i) = Z_n(i) + \text{j}\, Z_n\left[(i+131072) \bmod (2^{18}-1)\right], \ i=0,1,\cdots,38399 \tag{8.2}$$

下行链路扰码序列的长度为 38400 码片，一共有 $2^{18}-1=262143$ 个扰码序列，序号的排列范围为 0~262142，但系统只使用部分扰码序列。这些扰码序列分成 512 个集，每个集包括 1 个主扰码序列和 15 个辅扰码序列。主扰码序列的序号为 $n=16i$，其中 $i=0$，$1,\cdots,511$。第 i 个辅扰码集中的扰码序列序号为 $n=16i+k$，其中 $k=1,2,\cdots,15$。每个集合的主扰码和 15 个辅扰码是一一对应的，即第 i 个主扰码对应于第 i 个辅扰码集合。这样，实际系统使用的扰码序列的序号限定为 $k=0,1,\cdots,8191$。主扰码集合分为 64 个扰码组，每组包括 8 个主扰码序列。第 j 个扰码序列组内的扰码序列的序号为 $n=16\times8j+16k$，其中 $j=0,1,\cdots,63，k=0,1,\cdots,7$。

本设计中的扰码都选用主扰码，且因为每帧码片只有 15360 个，因此扰码只取主扰码的前 15360 个码片。

（6）解扰

实现解扰运算，即用完整的一帧数据除以扰码搜索中获得的扰码。

（7）解扩

将解扰后的数据进行解扩处理。该框调用的文件是 CDMA_RxDespread.p 或 CDMA_RxDespread.m，优先调用 .p 文件。这里 .m 文件只给出了函数定义和输入输出参数定义，需要学生自己完成解扩功能。调试时将 .p 文件转移到其他路径后 LabVIEW 程序就会调用学生自己编写的 .m 文件。

WCDMA 是一种码分多址通信系统，码分多址是一种利用扩频技术所形成的不同的码序列实现多址的方式。它不像 FDMA、TDMA 那样把用户的信息从频率和时间上进行分离，可以在一个信道上同时传输多个用户的信息。其关键是信息在传输以前要进行特殊的编码（也就是扩频），编码后的信息混合后不会丢失原来的信息。有多少个互为正交的码序列，就可以有多少个用户同时在一个载波上通信。每个发射机都有自己唯一的代码（扩频码），同时接收机也知道要接收的代码，用这个代码作为信号的滤波器，接收机就能从所有其他信号的背景中恢复成原来的信息码（解扩）。

WCDMA 系统中采用 OVSF 码作为扩频码（也称为信道化码）。OVSF 码具有的特性如下：

① 对于长度一定的 OVSF 码组，包含的码字总数与其码长度相等，即共有 SF 个长度

为 SF 的 OVSF 码。

② 长度相同的不同码字之间相互正交,其互相关值为 0。

由于 OVSF 码具有以上特征,因而被 WCDMA 系统用于对物理信道比特信息进行扩频。它的可变长度性质可以适应通信中的多速率业务,其正交性为减小信道间的干扰作出了贡献。

信道化码序列的定义如图 8.8 所示。信道化码序列记作 $C_{ch,SF,k}$。其中,SF 为扩频因子,k 为码字序号,$0 \leqslant k \leqslant SF-1$。码树中的每一层对应于图中 SF 表示的信道化码序列的长度。

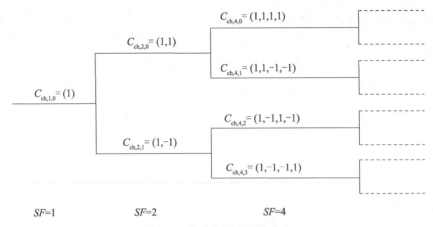

图 8.8　信道化码序列的定义

信道化码序列的产生公式为

$$C_{ch,1,0} = 1$$

$$\begin{bmatrix} C_{ch,2,0} \\ C_{ch,2,1} \end{bmatrix} = \begin{bmatrix} C_{ch,1,0} & C_{ch,1,0} \\ C_{ch,1,0} & -C_{ch,1,0} \end{bmatrix} = \begin{bmatrix} 1 & 1 \\ 1 & -1 \end{bmatrix}$$

$$\begin{bmatrix} C_{ch,2^{(n+1)},0} \\ C_{ch,2^{(n+1)},1} \\ C_{ch,2^{(n+1)},2} \\ C_{ch,2^{(n+1)},3} \\ \vdots \\ C_{ch,2^{(n+1)},2^{(n+1)}-2} \\ C_{ch,2^{(n+1)},2^{(n+1)}-1} \end{bmatrix} = \begin{bmatrix} C_{ch,2^n,0} & C_{ch,2^n,0} \\ C_{ch,2^n,0} & -C_{ch,2^n,0} \\ C_{ch,2^n,1} & C_{ch,2^n,1} \\ C_{ch,2^n,1} & -C_{ch,2^n,1} \\ \vdots & \vdots \\ C_{ch,2^n,2^n-1} & C_{ch,2^n,2^n-1} \\ C_{ch,2^n,2^n-1} & -C_{ch,2^n,2^n-1} \end{bmatrix}$$

（8）导频信道解扩

导频信道的解扩实现如图 8.9 所示。

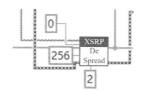

图 8.9　导频信道的解扩

公共导频信道 CPICH 是一个不编码信道,它的功能是在用户设备端辅助专用信道作信道估计。CPICH 具有固定的比特速率 30 kbit/s,扩频因子 SF 固定为 256。

按照协议规定,CPICH 采用固定信道化码序列 $C_{ch,256,0}$,因此扩频模块的输入参数扩频因子为 256,扩频码号为 0。

本设计中导频信道数据为全 0,对应调制后的数据为 $1+i$。

（9）解调

实现专用信道数据的解调功能。该框调用的文件是 CDMA_RxDemodulate.m。

其工作原理是在接收端将专用信道解扩后的数据和解扩后的导频信号相位进行对比,相位相同的判决为 $1+i$,相位顺时针相差 90° 的判决为 $1-i$,相位顺时针相差 180° 的判决为 $-1-i$,相位顺时针相差 270° 的判决为 $-1+i$。

（10）信道译码

将前序处理的数据进行传输信道译码。该框调用的.m 文件是 CDMA _ RxTrchDecoder.m。

信道编码是为了使接收机能够检测和纠正由于干扰带来的误码。同时,由于在数据流中加入了冗余信息,因而降低了数据传输效率。

用 K_i 表示被编码码块的大小,Y_i 表示编码后码块的大小,K 表示编码器的约束长度,G 为编码比特的生成多项式,则 WCDMA 系统中使用的各种信道编码方式如表 8.3 所示。

表 8.3　WCDMA 系统中使用的各种信道编码方式

编码方式	定义	输入输出关系	最大码块大小
1/2 卷积码	$K=9$, $G_0=561$, $G_1=753$	$Y_i=2\times(K_i+8)$	504
1/3 卷积码	$K=9$, $G_0=557$, $G_1=663$, $G_2=711$	$Y_i=3\times(K_i+8)$	504
Turbo 码	并行 $K=4$ 半速 RSC 码	$Y_i=3\times K_i+12$	5114
不编码		$Y_i=K_i$	

信道译码是信道编码的逆过程。

（11）CRC 校验

实现 CRC 校验功能。该框调用的.m 文件是 CDMA_RxCRC.m。

传输块上的循环冗余校验 CRC 提供差错检测功能。接收端将接收到的传输块数据

115

再次进行 CRC 编码,将编码得到的 CRC 比特与接收到的 CRC 比特进行比较,如果不一致,则接收端认为接收到的传输块数据是错误的。

CRC 长为 24、16、12、8 或 0 比特,CRC 比特越长,则接收端差错检测的遗漏概率越低。整个传输块用来计算 CRC。CRC 比特的产生来自以下的循环多项式:

$$g_{CRC24}(D) = D^{24}+D^{23}+D^6+D^5+D+1$$
$$g_{CRC16}(D) = D^{16}+D^{12}+D^5+1$$
$$g_{CRC12}(D) = D^{12}+D^{11}+D^3+D^2+D+1$$
$$g_{CRC8}(D) = D^8+D^7+D^4+D^3+D+1$$

带有 CRC 的码块的输入输出关系:传输块数据顺序不变,CRC 比特倒序后添加到传输块数据的后面。

3. 功能验证

Step1:将设备 USB 口和计算机 USB 口相连,设备网口和计算机网口相连,将设备网口的 IP 地址设置成当前计算机的 IP 地址。

Step2:接通电源设备,在设备"Tx1"和"Rx1"接口上插上天线,闭合设备电源开关,等待一分钟左右完成设备启动。

Step3:运行调试工具 CDMA_TX.exe 发射 CDMA 信号(因为比较占用资源,所以需要耐心等待几分钟),弹出如图 8.10 所示的对话框。

图 8.10　进行调试工具 CDMA_TX.exe

Step4:设置发射端参数,单击下方的"Start"按键。

参数配置的原则如下:

(1) 两个信道的扩频码不能设为相同,也不能选用 OVSF 码树中的同一分支,因为这样会使两个信道的扩频码失去了正交性,导致相互干扰。

(2) 基于上述原因,导频信道使用了 $C_{ch,256,0}$ 的扩频码,因此两个信道的扩频码号均不能设为 0。

(3) 为避免配置参数错误,可以勾选"推荐参数设置",将发射端参数设置为推荐参数。

注意:调试工具正常运行结束后,"运行状态"框会显示"发送数据完成",此后要单击"Stop"按键停止程序运行,否则该程序会一直占用网口资源,其他程序(包括 DEMO 程序)就无法使用该网口了。

Step5:打开 CDMA_Rx_Main.vi 文件,弹出如图 8.11 所示的界面。

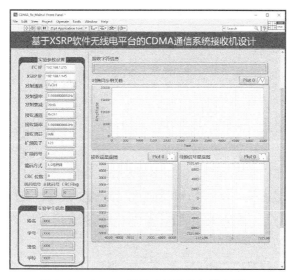

图 8.11　CDMA 通信系统接收机的主界面

Step6：把计算机和 XSRP 的 IP 地址改成对应的 IP 地址，设置射频和信号参数，单击左上角的"RUN"按键 ⇨ 。

参数配置的原则如下：

（1）发射频率与接收频率的配置完全一致。

（2）如果信号过大，可以增大发射衰减；如果信号过小，可以减小发射衰减或增大接收增益（由于增加接收增益的同时会增加接收机的噪声，因而建议优先减小发射衰减）。

（3）如果要接收信道 1 的数据，可以将参数设置成与发射端信道 1 的参数一致；如果要接收信道 2 的数据，可以将参数设置成与发射端信道 2 的参数一致。

Step7：正确的运行结果如图 8.12 所示。

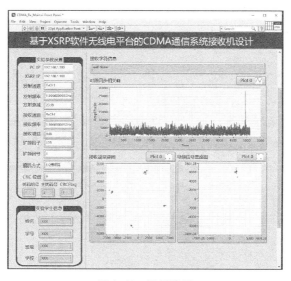

图 8.12　运行结果

（1）接收端利用同步码相关和扰码相关，获取的扰码组号为 1，扰码号为 1，与发射端的配置一致。

（2）CRCFlag 为 1，表示 CRC 校验正确。

（3）接收的字符信息为"well done"，与发射端的信道 1 数据一致（信道 2 为"good job"）。

（4）接收端通过主同步码相关运算获得的时隙同步相关峰很尖锐，最大值处即为时隙的起始时刻。

（5）导频信号星座图导频信道实际接收信号点很密集，表明接收质量较好。

（6）接收端星座图显示专用信道实际接收信号点很密集，表明接收质量较好。

注意：上述结果是在发射机和接收机使用同一台设备（同一频率源）且设置的频率完全一致的情况下获取的，这种情况下发射机和接收机之间只存在固定的相位差，而不存在频率差。当发射机和接收机使用不同的频率源或将两者的频率设置略有偏差，出现这种情况的原因可以自行思考。

4. 程序解读（不需要编程但需要读懂的部分）

程序解读参见功能验证以及.m 文件中的程序注释。

5. 程序设计（需要编程的部分）

（1）时隙同步

在 CDMA_ RxTimeslotSyn.m 文件中实现函数：

Function [search_flag, timeslot_star, mod_PSC_corr] = CDMA_RxTimeslotSyn(input_data, sample_rate, corr_length)

① 输入参数：

input_data：输入数据，数据长度为 15360×2（两倍采样），数据类型为复数。

sample_rate：采样率，本设计中设为 2。

corr_length：相关长度，建议为两个时隙，即 5120。

② 输出参数：

search_flag：相关峰是否明显的标志，0 表示未搜索到相关峰，1 表示搜索到相关峰。

timeslot_star：通过相关运算获取的时隙开始时刻数据的点数。

mod_PSC_corr：主同步码与输入数据进行相关运算的结果的幅值，用于绘制相关峰图像。

③ 功能：生成主同步码，并进行两倍采样；用生成的主同步码对输入数据进行滑动相关运算，滑动长度为 corr_length；寻找滑动相关结果中最大幅值点，该点所在的位置即为时隙开始的位置。

（2）扰码搜索

在 CDMA_RxSCSearch.m 文件中实现函数：

function [findscNo, findsc] = CDMA_RxSCSearch(rxData, sampleRate, scGroupNo)

① 输入参数：

xData：输入数据，数据长度为 15360×2（两倍采样），数据类型为复数。

sampleRate：采样率，本设计中设为 2。

scGroupNo：扰码组号，由帧同步处理获得。

② 输出参数：

findscNo：通过扰码相关获取的扰码号。

findsc：与发射端一致的扰码，数据长度为 15360×2（两倍采样），数据类型为复数。

③ 功能：生成扰码组号为 scGroupNo 的 8 个主扰码（只取前 15360 个码片），并进行两倍采样；用生成的 8 个扰码分别对输入数据进行相关运算（./），对应最大相关值的扰码即为发射端使用的扰码。

（3）解扩

在 CDMA_RxDespread.m 文件中实现函数：

Function ［out_data］＝CDMA_RxDespread（input_data，sf，ovsf_No，sample_rate）

① 输入参数：

input_data：输入数据，数据长度为 15360×2（两倍采样），数据类型为复数。

sf：扩频因子，专用信道扩频因子由界面中的"扩频因子"，导频信道的扩频因子固定为 256。

ovsf_No：扩频码号，专用信道扩频因子由界面中的"扩频码号"输入，导频信道的扩频码号固定为 0。

② 输出参数：

out_data：输出数据，数据长度为 15360/sf，数据类型为复数。

③ 功能：生成 OVSF 扩频码，并进行两倍采样；对输入数据解扩。

（4）程序调试技巧

如果对 LabVIEW 编程不是很熟练，可以在.m 文件中使用绘图函数观测中间过程的数据，也可以将输入输出数据保存下来，在 Matlab 环境下对自己编写的代码进行调试。

8.3 资源配置

1. 硬件资源

（1）XSRP 软件无线电平台及其相关连接线。

（2）计算机（操作系统：Windows 7 及其以上；以太网网卡：千兆）。

2. 软件资源

（1）LabVIEW 2015。

（2）Matlab 2012b。

8.4　工作安排

本项目设计的工作安排说明如表 8.4 所示。

表 8.4　工作安排说明

阶段	子阶段	主要任务
阶段 1	理解任务,掌握原理,了解框架	通过阅读提供的资料和网上查找的资料,深入理解设计任务,掌握其设计原理,了解其设计框架,明确自己要做的工作。
阶段 2	安装软件,领取设备,验证功能	(1) 安装"所需资源"中"软件资源"对应的软件。 (2) 领取或找到项目设计需要用到的 XSRP 软件无线电平台及其各种配件,掌握硬件平台的基本使用方法。 (3) 按照本设计指南介绍的方法,运行案例程序,测试该项目最终的实现效果(相当于先看到了实现的效果,再倒过来完成实现的过程。案例中实现的过程已被封装,学生看不见程序代码,而这正是该项目需要学生完成的)。
阶段 3	补充所缺的知识	[1] 陈杰. MATLAB 宝典[M]. 4 版.北京:电子工业出版社,2013. [2] 陈树学,刘萱. LabVIEW 宝典[M].北京:电子工业出版社,2017.
阶段 4	读懂案例的框架,编写核心部分程序	(1) 在 LabVIEW 下打开案例程序,删掉已经被封装而无法看到内部程序的子 VI。 (2) 编写新的程序(一个或多个),与已经提供的程序对接,然后再测试其功能。
阶段 5	软硬件联调	将编写好的各核心模块程序构建成系统程序,并与 XSRP 软件无线电平台硬件进行联调,测试其功能,并优化效果。
阶段 6	编写项目设计报告	按照任务书中的相关要求,认真编写项目设计报告,完成后打印并提交。

项 目 **9**

基于软件无线电平台的 GSM 物理层
链路协议实现

9.1　任务书

本项目设计的任务书说明如表 9.1 所示。

表 9.1　任务书说明

任务书组成	说明
设计题目	基于软件无线电平台的 GSM 物理层链路协议实现
设计目的	（1）学习了解通信领域前沿技术。 （2）培养学生模块化+系统化的思维，以及搭建通信系统能力。 （3）掌握 GSM 物理层链路协议的实现原理及实现方法。
设计内容	（1）GSM 物理层通信链路包括随机信源、添加 CRC、比特重排、卷积编码、数据组合、交织、映射、调制，产生的 I/Q 数据通过千兆以太网发送到 XSRP 软件无线电平台，在软件无线电平台中完成 I/Q 数据的 D/A 转换、上变频载波调制，射频在指定频点将信号通过天线发射出去。无线信号经过空中无线信道，再通过射频的接收天线在对应的频点将数据接收、下变频、低通滤波、A/D 转换，得到 I/Q 信号。接收的信号通过千兆以太网发送到计算机，在计算机上进行时域数据解调、解交织、数据分拆、VB 译码、解重排、解 CRC。以上每个模块处理都是用 Matlab 实现的，其中有 3 组模块的代码需要学生编写。 （2）3 组模块分别是 CRC 添加、卷积编码、交织，每组模块提供函数接口和流程图。 （3）理解并掌握 3 组模块的算法实现。 （4）与其他已经提供的功能模块组合，搭建完整通信系统。 （5）用 XSRP 软件无线电平台对系统进行软硬件联调，优化系统。
设计要求	1. 功能要求 　根据已经提供的功能模块和编写的模块，搭建完整通信系统。 2. 指标要求 （1）发射频率：2000 MHz，频率可以设置。 （2）发送衰减：可设置，44 dB。 （3）接收频率：2000 MHz，频率可以设置。 （4）接收增益：可设置，12 dB。 （5）调制方式：GMSK。

任务书组成	说明
设计报告	1. 项目设计报告格式 　　按照学校要求的统一格式,提交一份纸质版的项目设计报告。设计报告正文的字体要求:大标题采用小三号宋体,小标题采用四号宋体,内容采用小四号宋体;行间距为 1.5 倍;设计报告从正文开始编页码;左侧装订;设计报告不少于 25 页。 2. 项目设计报告内容 　　(1) 封面; 　　(2) 项目设计任务书; 　　(3) 考核表; 　　(4) 摘要、关键词; 　　(5) 目录(包括需求分析、总体设计、详细设计、系统调试、设计结果、设计总结等部分); 　　(6) 正文(包括需求分析、总体设计、详细设计、系统调试、设计结果、设计总结等部分); 　　(7) 参考文献; 　　(8) 附录(包括原理图、流程图、程序等)。

时间安排	起止时间	工作内容
	第一天	通过阅读提供的资料,以及网上查找的资料,深入理解设计任务,掌握其设计原理,了解其设计框架,明确自己要做的工作。
	第二天	学习提供的例程及功能模块。
	第三至第四天	利用功能模块搭建通信系统并进行调试。
	第五天	与 XSRP 软件无线电平台硬件联调,测试其功能,并优化指标。
	第六天	编写项目设计报告,打印项目设计报告并提交。

任务书组成	说明
参考资料	［1］樊昌信,曹丽娜. 通信原理［M］.7 版.北京:国防工业出版社,2021. ［2］张瑾,周原.基于 MATLAB/Simulink 的通信系统建模与仿真［M］.2 版.北京:北京航空航天大学出版社,2017. ［3］陈树学,刘萱. LabVIEW 宝典［M］.北京:电子工业出版社,2017.
主要设备	(1) XSRP 软件无线电平台 1 台(包含其全部配件)。 (2) 计算机 1 台(装有 Matlab 2012b、LabVIEW 2015)。

9.2　设计指南

9.2.1　设计任务解读

GSM 物理层链路协议示意图如图 9.1 所示。

1. 整体流程

GSM 物理层链路包括产生随机信源、添加 CRC、比特重排、卷积编码、数据组合、交织、映射、调制,产生的 I/Q 数据通过以千兆太网发送到 XSRP 软件无线电平台,在软件无线电平台中完成 I/Q 数据的 D/A 转换、上变频载波调制、射频在指定频点,将信号通过天线发射出去。无线信号经过空中无线信道,再通过射频的接收天线在对应的频点将数据接收、下变频、低通滤波、A/D 转换,得到 I/Q 信号。接收信号通过千兆以太网发送到计算机,在计算机上进行时域数据解调、解交织、数据分拆、VB 译码、解重排、解 CRC。

运行整体流程代码,知道正确的结果应该是什么样的(误码率为 0)。

根据 3GPP 45.003 协议,理解 3 组模块的算法原理。

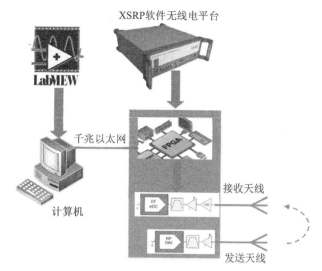

图 9.1　GSM 物理层链路协议示意图

根据提供的模块的函数接口和流程图,在 Matlab 上实现模块的功能。

利用提供的其他模块的代码和编写的代码,搭建完整 GSM 通信系统,验证功能的正确性,要求接收的数据 CRC 正确,误码率为 0(和 1 的结果要一致)。

2. 设计难度分级

本项目设计共有三级难度(表 9.2),学生可以根据自己的实际情况选择。

表 9.2　设计难度分级

难度级数	任务内容	说明
三级	(1) 效果验证。提供了案例程序,打开并运行该程序,可以提前了解项目要求实现的效果。 (2) 仿真验证。根据实验要求,搭建完整 GSM 物理层链路通信系统,并仿真验证。	
二级	(1) 效果验证。提供了案例程序,打开并运行该程序,可以提前了解项目要求实现的效果。 (2) 编写核心代码。案例中核心代码(CRC 添加和卷积编码、交织)需要学生完成,并构成完整系统。 (3) 仿真验证。仿真无误后,进行软硬件联调。	
一级	只提供项目设计的要求、设备的使用方法、设备调用的接口,不提供任何子模块程序,全部程序的编号和软硬件联调由学生自己完成。	

9.2.2 设计原理

1. 整体链路原理

GSM 全流程的 3GPP 协议关联关系示意图及 GSM 物理层链路整体流程分别如图 9.2 和图 9.3 所示。

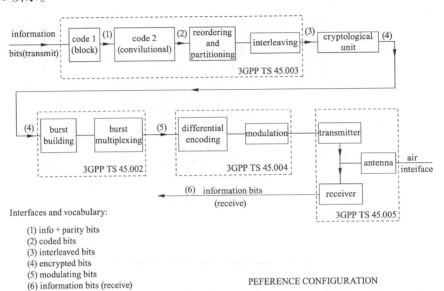

Interfaces and vocabulary:
(1) info + parity bits
(2) coded bits
(3) interleaved bits
(4) encrypted bits
(5) modulating bits
(6) information bits (receive)

PEFERENCE CONFIGURATION

图 9.2 GSM 全流程的 3GPP 协议关联关系示意图

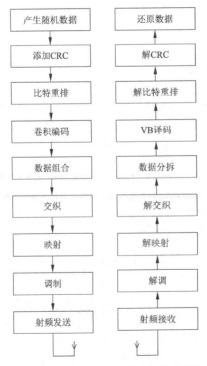

图 9.3 GSM 物理层链路整体流程

软硬件总体原理框图如图 9.4 所示。

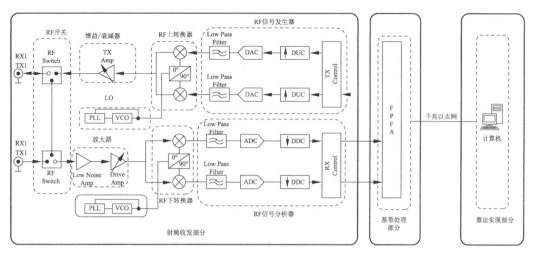

图 9.4　GSM 物理层链路实现软硬件总体原理框图

图 9.4 中,射频收发部分,即 XSRP 软件无线电平台的射频部分;基带处理部分,即 XSRP 软件无线电平台的基带部分;算法实现部分,在计算机中实现。

XSRP 软件无线电平台=机箱+射频部分+基带部分+配件(电源线、网线、USB 线、天线等)。

发送端数据处理的流程如图 9.5 所示。

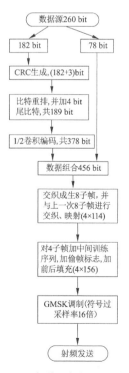

图 9.5　发送端数据处理流程

接收端数据处理流程如图 9.6 所示。

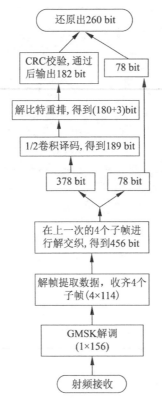

图 9.6 接收端数据处理流程

GSM 的普通突发中的数据结构如图 9.7 所示。

图 9.7 GSM 的普通突发中的数据结构

2. 处理流程和各模块实现原理

(1) 产生数据源

原始数据共 260 个信息比持,标记为 $d(0),d(1),d(2),d(3),\cdots,d(259)$。

将 260 个比特从前到后分类如下:

Ia 类: $d(0),d(1),d(2),d(3),\cdots,d(49)$,共 50 个比特。

Ib 类: $d(50),d(51),d(52),d(53),\cdots,d(181)$,共 132 个比特。

注意:I 类共计 182 个比特。

Ⅱ类: $d(182),d(183),d(184),d(185),\cdots,d(259)$,共 78 个比特。

(2) CRC 添加

CRC 校验码的作用:发送方发送的数据在传输过程中受到信号干扰,可能出现错误的码,造成接收方不清楚收到的数据是否为发送方所发送的,所以就有了 CRC 校验码,CRC

是数据通信领域中最常用的一种差错校验码。

CRC 校验利用线性编码理论,在发送端根据要传送的 k 位二进制码序列,以一定的规则产生一个校验用的 r 位监督码(即 CRC 码),并附在信息后面,构成一个新的二进制码序列(共 $k+r$ 位),最后发送出去。在接收端,根据信息码和 CRC 码之间所遵循的规则进行检验,以确定传送中是否出错。

设编码前的原始信息多项式为 $P(x)$,生成多项式为 $G(x)$,CRC 多项式为 $R(x)$;编码后带循环校验码 CRC 的信息多项式为 $T(x)$。其实现步骤如下:

Step1:设待发送的数据块是 k 位的二进制多项式 $P(x)$,生成多项式为 r 阶的 $G(x)$。在数据块的末尾添加 r 个 0,数据块的长度增加到 $k+r$ 位,对应的二进制多项式为 $x^r P(x)$。

Step2:用生成多项式 $G(x)$ 去模 2 除 $x^r P(x)$,求得余数为 $r-1$ 阶的二进制多项式 $R(x)$。此二进制多项式 $R(x)$ 就是 $P(x)$ 经生成多项式 $G(x)$ 编码的 CRC 校验码。

将校验码 $R(x)$ 添至 $P(x)$ 的末尾,即可得到包含 CRC 校验码的待发送字符串。

从 CRC 的编码规则可以看出,CRC 编码实际上是将待发送的 k 位二进制多项式 $P(x)$ 转换成了可以被 $G(x)$ 除尽的 $k+r$ 位二进制多项式 $T(x)$。因此,译码时可以用接收到的数据去除 $G(x)$,通过余数检验传输过程是否存在错误。如果余数为 0,则表示传输过程没有错误;否则,传输过程存在错误。

TCH 中的一个语音帧有 260 个信息比特,包括 182 个 I 类比特(有保护)和 78 个 II 类比特(无保护)。

I 类的前 50 个比特需要进行 CRC 校验,生成 3 个奇偶校验比特,用于误码检错。这 3 个比特加到前 50 个比特内,根据生成循环码(53,50,2)生成的多项式为

$$g(D) = D^3 + D + 1$$

循环码的编码以 GF(2) 的形式完成,根据 3GPP 协议 45.003 添加校验比特后的多项式应为

$$d(0)D^{52} + d(1)D^{51} + \cdots + d(49)D^3 + P(0)D^2 + P(1)D + P(2)$$

3GPP 协议 45.003 的原文如下:

**(3GPP 协议)start

Parity and tailing for a speech frame

a. Parity bits:

The first 50 bits of class 1 (known as class 1a for the EFR) are protected by three parity bits used for error detection. These parity bits are added to the 50 bits, according to a degenerate (shortened) cyclic code (53,50,2), using the generator polynomial:

$$g(D) = D^3 + D + 1$$

The encoding of the cyclic code is performed in a systematic form, which means that, in GF(2), the polynomial:

$$d(0)D^{52} + d(1)D^{51} + \cdots + d(49)D^3 + P(0)D^2 + P(1)D + P(2)$$

Where $p(0)$, $p(1)$, $p(2)$ are the parity bits, when divided by $g(D)$, yields a remainder equal to:

$$1 + D + D^2$$

*** end

（3）比特重排

对于全速率语音信道,每个数据块有 260 个信息比特,包括 182 个 Ⅰ 类比特(受保护的比特)和 78 个 Ⅱ 类比特(不受保护的比特)。

Ⅰ 类的 182 个受保护比特中的前 50 个比特需要进行 CRC 校验,生成 3 个奇偶校验比特。

对 182 个 Ⅰ 类信息比特重新排序是因为在发送端的语音信道编码时对比特序列做了排序,将 182 个 Ⅰ 类信息比特和 3 个奇偶校验比特以及 4 个尾比特组合成长度为 189 比特的序列。

3GPP 协议 45.003 的原文如下:

***（3GPP 协议）start

Parity and tailing for a speech frame

b. Tailing bits and reordering:

The information and parity bits of class 1 are reordered, defining 189 information + parity+tail bits of class 1, $\{u(0), u(1), \cdots, u(188)\}$ defined by:

$u(k) = d(2k)$ and $u(184-k) = d(2k+1)$ for $k = 0,1,2,\cdots,90$

$u(91+k) = p(k)$ for $k = 0,1,2$

$u(k) = 0$ for $k = 185,186,187,188$ (tail bits)

*** end

对比特重排,如表 9.3 所示。

表 9.3　比特重排

$d()$	0	2	4	6	8	10	12	14	16	18
$u()$	0	1	2	3	4	5	6	7	8	9
$d()$	20	22	24	26	28	30	32	34	36	38
$u()$	10	11	12	13	14	15	16	17	18	19

......

$d(\ )$	160	162	164	166	168	170	172	174	176	178
$u(\ )$	80	81	82	83	84	85	86	87	88	89
$d(\ )$	180	$P0$	$P1$	$P2$	181	179	177	175	173	171
$u(\ )$	90	91	92	93	94	95	96	97	98	99

......

$d(\ )$	9	7	5	3	1	"0"	"0"	"0"	"0"	
$u(\ )$	180	181	182	183	184	185	186	187	188	

（4）卷积编码

卷积码是一种非分组码，更适用于前向纠错。编码器在任何一段规定时间内产生 n 个码元，不仅和当前的 k 比特信息段有关，而且还和前面的 $N-1$ 个信息段有关。一个码组中的监督码元监督 N 个信息段。通常将 N 称为编码约束度，并将 nN 称为编码约束长度，将卷积码记作 (n,k,N)。

卷积码的编码器如图9.8所示。编码器的输入信息位，一方面可以通过1级移位寄存器直接输出，另一方面还可以暂存于6级移位寄存器中。每当编码器输入一个信息位，就立即计算出一个监督位，并且此监督位紧跟此信息位之后发送出去。编码器输出端转换开关的功用即轮流将信息位 b_1 和监督位 c_1 送至信道。这个编码器的监督位是由信息位6,3,2,1的模2和产生的，所以这种卷积码的参量为 $k=1,n=2,N=6$，约束长度等于 nN，即12，如图9.9所示。

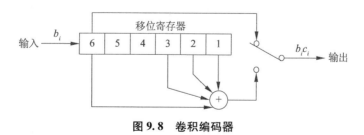

图9.8 卷积编码器

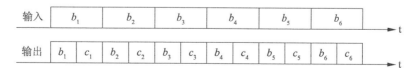

图9.9 编码器的输入输出关系

GSM系统中，对于全速率的TCH信道采用如图9.10所示的编码器。

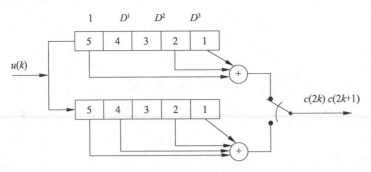

图 9.10   全速率的 TCH 信道

第 1 个多项式中的系数为 10011,从右边起每 3 个比特进行分段,10 011,再转化为 8 进制为[23]。

第 2 个多项式中的系数为 11011,从右边起每 3 个比特进行分段,11 011,再转化为 8 进制为[33]。

3GPP 协议 45.003 的原文如下:

* (3GPP 协议)start

Convolutional encoder

The class 1 bits are encoded with the 1/2 rate convolutional code defined by the polynomials:

$$G0 = 1 + D^3 + D^4$$

$$G1 = 1 + D + D^3 + D^4$$

The coded bits $\{c(0), c(1), \cdots, c(455)\}$ are then defined by:

−class 1: $u(2k) = u(k) + u(k-3) + u(k-4)$

$u(2k+1) = u(k) + u(k-1) + u(k-3) + u(k-4)$ for $k = 0, 1, 2, \cdots, 188$

$u(k) = 0$

−class 2: $c(378+k) = d(182+k)$ for $k = 0, 1, 2, \cdots, 77$

* end

卷积编码前序列是 $u(0) \sim u(188)$,共 189 个比特,卷积编码后生成为 $c(0) \sim c(377)$,共 378 个比特。

(5) 数据组合

将卷积编码器生成的 $c(0) \sim c(377)$,共 378 比特与 II 类数据(78 个比特)组合,生成 $c(0) \sim c(455)$,共 456 比特。

3GPP 协议 45.003 的原文如下:

＊＊＊＊＊＊＊＊＊＊＊＊＊＊＊＊＊＊＊＊＊＊＊＊＊＊＊＊＊＊＊＊＊＊＊＊（3GPP 协议）start

Convolutional encoder

The class 1 bits are encoded with the 1/2 rate convolutional code defined by the polynomials：

$$G0 = 1 + D^3 + D^4$$

$$G1 = 1 + D + D^3 + D^4$$

The coded bits $\{c(0), c(1), \cdots, c(455)\}$ are then defined by：

−class 1：$c(2k) = u(k) + u(k-3) + u(k-4)$

　　　　$c(2k+1) = u(k) + u(k-1) + u(k-3) + u(k-4)$　　for $k = 0, 1, 2, \cdots, 188$

　　　　$u(k) = 0$　for $k < 0$

−class 2：$c(378+k) = d(182+k)$　　for $k = 0, 1, 2, \cdots, 77$

＊＊＊＊＊＊＊＊＊＊＊＊＊＊＊＊＊＊＊＊＊＊＊＊＊＊＊＊＊＊＊＊＊＊＊＊＊＊end

注意：组合完成后的数据标记为 $c(0) \sim c(455)$。

（6）交织

在陆地移动通信变参信道上，比特差错经常成串发生。这是由于持续较长的深衰落谷点会影响到相继一串的比特，然而，信道编码仅在检测和校正单个差错和不太长的差错串时才有效。为了解决这一问题，希望能找到将一条消息中的相继比特分散开的方法，即一条消息中的相继比特以非相继的方式被发送。这样，在传输过程中即使发生了成串差错，恢复成一条相继比特串的消息时，差错也就变成单个（或长度较短）的比特，这时再用信道编码纠错功能纠正差错，恢复原消息。这种方法就是交织技术。

GSM 中的交织方式：在 GSM 系统中，信道编码后进行交织，交织分为两次，第一次交织为块内交织，第二次交织为块间交织。

① 块内交织。语音编码器和信道编码器将每 20 ms 语音数字化并编码，提供 456 个比特。首先对它进行块内交织，即将 456 个比特分成 8 帧，每帧 57 比特，如图 9.11 所示。

第 1 子块的比特标注：

$c(0), c(64), c(128), c(192), \cdots, c(328), c(392)$　　　　　　交织前

$A_{10}, \quad A_{11}, \quad A_{12}, \quad A_{13}, \quad \cdots, A_{1-55}, \quad A_{1-56}$　　　　　交织后

第 2 子块的比特标注：

$c(57), c(121), c(185), c(249), \cdots, c(385), c(449)$　　　　　交织前

$A_{2-0}, \quad A_{2-1}, \quad A_{2-2}, \quad A_{2-3}, \quad \cdots, A_{2-55}, \quad A_{2-56}$　　　　交织后

……

第 7 子块的比特标准：

$c(342), c(406), c(14), c(78), \quad \cdots, c(214), c(278)$　　　　交织前

A_{7-0}, A_{7-1}, A_{7-2}, A_{7-3}, $\cdots, A_{7-55}$, A_{7-56} 交织后

第8子块的比特为

$c(399), c(7)$, $c(71), c(135), \cdots, c(271), c(335)$ 交织前

A_{8-0}, A_{8-1}, A_{8-2}, A_{8-3}, $\cdots, A_{8-55}$, A_{8-56} 交织后

k mod 8	0	1	2	3
j=0	k=0	57	114	171
2	64	121	178	235
4	128	185	242	299
6	192	249	306	363
8	256	313	370	427
10	320	377	434	35
	384	441	42	99
	448	49	106	163
	56	113	170	227
	120	177	234	291
20	184	241	298	355
	248	305	362	419
	312	369	426	27
	376	433	34	91
	440	41	98	155
30	48	105	162	219
	112	169	226	283
	176	233	290	347
	240	297	354	411
	304	361	418	19
40	368	425	26	83
	432	33	90	147
	40	97	154	211
	104	161	218	275
	168	225	282	339
50	232	289	346	403
	296	353	410	11
	360	417	18	75
	424	25	82	139
	32	89	146	203
60	96	153	210	267
	160	217	274	331
	224	281	338	395
	288	345	402	3
	352	409	10	67
70	416	17	74	131
	24	81	138	195
	88	145	202	259
	152	209	266	323
	216	273	330	387
80	280	337	394	451
	344	401	2	59
	408	9	66	123
	16	73	130	187
	80	137	194	251
90	144	201	258	315
	208	265	322	379
	272	329	386	443
	336	393	450	51
	400	1	58	115
100	8	65	122	179
	72	129	186	243
	136	193	250	307
	200	257	314	371
	264	321	378	435
110	328	385	442	43
112	392	449	50	107

(a) 交织前

k mod 8	4	5	6	7
j=1	k=228	285	342	399
3	292	349	406	7
5	356	413	14	71
7	420	21	78	135
9	28	85	142	199
11	92	149	206	263
	156	213	270	327
	220	277	334	391
	284	341	398	455
	348	405	6	63
21	412	13	70	127
	20	77	134	191
	84	141	198	255
	148	205	262	319
	212	269	326	383
31	276	333	390	447
	340	397	454	55
	404	5	62	119
	12	69	126	183
	76	133	190	247
41	140	197	254	311
	204	261	318	375
	268	325	382	439
	332	389	446	47
	396	453	54	111
51	4	61	118	175
	68	125	182	239
	132	189	246	303
	196	253	310	367
	260	317	374	431
61	324	381	438	39
	388	445	46	103
	452	53	110	167
	60	117	174	231
	124	181	238	295
71	188	245	302	359
	252	309	366	423
	316	373	430	31
	380	437	38	95
	444	45	102	159
81	52	109	166	223
	116	173	230	287
	180	237	294	351
	244	301	358	415
	308	365	422	23
91	372	429	30	87
	436	37	94	151
	44	101	158	215
	108	165	222	279
	172	229	286	343
101	236	293	350	407
	300	357	414	15
	364	421	22	79
	428	29	86	143
	36	93	150	207
111	100	157	214	271
113	164	221	278	335

(b) 交织后

图 9.11 块内交织

② 块间交织。如果将同一个 20 ms 语音的 2 组 57 个比特插入同一普通突发脉冲序列中,若该突发脉冲串丢失,则会导致该 20 ms 语音损失 25% 的信息,显然信道编码难以

恢复那么多丢失的比特。因此,必须在 2 个语音帧之间再进行一次交织,即块间交织,使得一个 20 ms 语音的 8 个 57 比特分别放到 8 个不同的脉冲中,这样若丢失一个脉冲,每一个 20 ms 语音只损失 12.5%的信息,使之能够被信道编码所恢复。

不采用块间交织的结构如图 9.12 所示。

A_1(57 bit)	A_1(56 bit)
A_3	A_4
A_5	A_6
A_7	A_8

A_5(57 bit)	A_1'(56 bit)
A_6	A_2'
A_7	A_3'
A_8	A_4'

图 9.12　不采用块间交织的结构

采用块间交织的结构如图 9.13 所示。

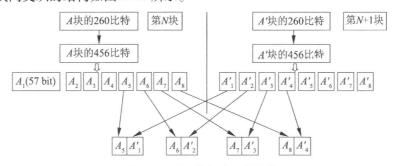

图 9.13　采用块间交织的结构

$A1 \sim A8$ 表示当前 20 ms(260 比特)生成的 8 个子帧块数据。

$A_1' \sim A_8'$ 表示下一个(后一个)20 ms(260 比特)生成的 8 个子帧块数据。

块间交织的图形如图 9.14 所示。

$A_1 \sim A_8$ 表示当前 20 ms(260 比特,编号 N)生成的 8 个子帧块数据。

$A_1' \sim A_8'$ 表示下一个(后一个)20 ms(260 比特,编号 $N+1$)生成的 8 个子帧块数据。

$A_1'' \sim A_8''$ 表示再下一个(再后一个)20 ms(260 比特,编号 $N+2$)生成的 8 个子帧块数据。

依此类推。

A_5 和 A_1 的数据放置(奇偶放置)方法如下:

A_5'	A_1''

A_{5_0},	A_{1_0},	A_{5_1},	A_{1_1},	A_{5_2},	A_{1_2},	...,	A_{5_56},	A_{1_56}
i_{1_0},	i_{1_1},	i_{1_2},	i_{1_3},	i_{1_4},	i_{1_5},	...,	i_{1_112},	i_{1_113}

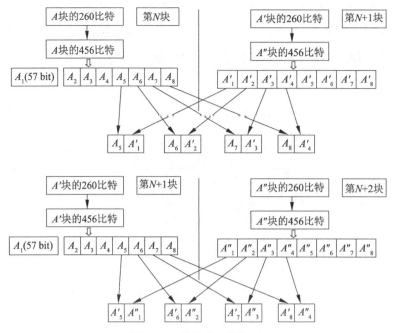

图 9.14　块间交织的图形

把前一个 20 ms 的 260 比特(编号为 N)的数据生成为:

$A_{1\_0}, A_{1\_1}, A_{1\_2}, A_{1\_3}, \cdots, A_{1\_56} = A_1$

$A_{2\_0}, A_{2\_1}, A_{2\_2}, A_{2\_3}, \cdots, A_{2\_56} = A_2$

$A_{3\_0}, A_{3\_1}, A_{3\_2}, A_{3\_3}, \cdots, A_{3\_56} = A_3$

$A_{4\_0}, A_{4\_1}, A_{4\_2}, A_{4\_3}, \cdots, A_{4\_56} = A_4$

$A_{5\_0}, A_{5\_1}, A_{5\_2}, A_{5\_3}, \cdots, A_{5\_56} = A_5$

$A_{6\_0}, A_{6\_1}, A_{6\_2}, A_{6\_3}, \cdots, A_{6\_56} = A_6$

$A_{7\_0}, A_{7\_1}, A_{7\_2}, A_{7\_3}, \cdots, A_{7\_56} = A_7$

$A_{8\_0}, A_{8\_1}, A_{8\_2}, A_{8\_3}, \cdots, A_{8\_56} = A_8$

下一个 20 ms 的 260 个比特(编号为 $N+1$)的数据生成为:

$B_{1\_0}, B_{1\_1}, B_{1\_2}, B_{1\_3}, \cdots, B_{1\_56} = B_1$

$B_{2\_0}, B_{2\_1}, B_{2\_2}, B_{2\_3}, \cdots, B_{2\_56} = B_2$

$B_{3\_0}, B_{3\_1}, B_{3\_2}, B_{3\_3}, \cdots, B_{3\_56} = B_3$

$B_{4\_0}, B_{4\_1}, B_{4\_2}, B_{4\_3}, \cdots, B_{4\_56} = B_4$

$B_{5\_0}, B_{5\_1}, B_{5\_2}, B_{5\_3}, \cdots, B_{5\_56} = B_5$

$B_{6\_0}, B_{6\_1}, B_{6\_2}, B_{6\_3}, \cdots, B_{6\_56} = B_6$

$B_{7\_0}, B_{7\_1}, B_{7\_2}, B_{7\_3}, \cdots, B_{7\_56} = B_7$

$B_{8\_0}, B_{8\_1}, B_{8\_2}, B_{8\_3}, \cdots, B_{8\_56} = B_8$

交织完成后的数据标注为:

$A_{5\_0}, B_{1\_0}, A_{5\_1}, B_{1\_1}, \cdots, B_{1\_56} = A_5 + B_1$

$i_{1\_0}, i_{1\_1}, i_{1\_2}, i_{1\_3}, \cdots, i_{1\_113} = i_1$

$i_{2\_0}, i_{2\_1}, i_{2\_2}, i_{2\_3}, \cdots, i_{2\_113} = i_2$

$i_{3\_0}, i_{3\_1}, i_{3\_2}, i_{3\_3}, \cdots, i_{3\_113} = i_3$

$i_{4\_0}, i_{4\_1}, i_{4\_2}, i_{4\_3}, \cdots, i_{4\_113} = i_4$

上面的块间交织完成后,得到含有 2 个 20 ms 语音的 57 bit 的脉冲(帧),即每帧含有 114 bit。将这样的帧每 8 帧进行一次交织,规则是每接收到 4 帧,就将其与上一次接收到的 4 帧一起(共 8 帧)交织。

如果交织是按行写入,则解交织按列读出;如果交织是按列写入,则解交织按行读出。

交织矩阵如图 9.15 所示。

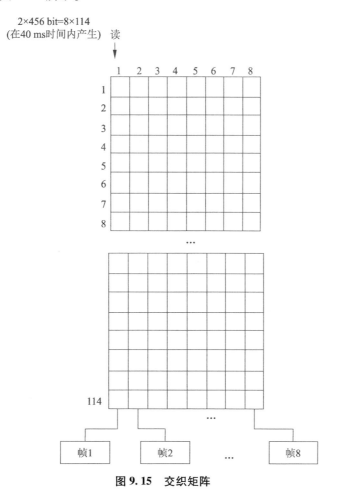

图 9.15 交织矩阵

3GPP 协议 45.003 的原文如下:

$*************************************$（3GPP 协议）start

Interleaving

The coded bits are reordered and interleaved according to the following rule：

$$i(B,j)=c(n,k) ,\text{for} \quad k= 0,1,\cdots,455$$
$$n - 0,1,\cdots,N,N+1,\cdots$$
$$B=B0+4n+(k \bmod 8)$$
$$j=2[(49k) \bmod 57)+(k \bmod 8) \text{ div } 4]$$

See Table 1. The result of the interleaving is a distribution of the reordered 456 bits of a given data block, $n = N$, over 8 blocks using the even numbered bits of the first 4 blocks ($B=B0+4N+0$, 1, 2, 3) and odd numbered bits of the last 4 blocks ($B=B0+4N+4$, 5, 6, 7). The reordered bits of the following data block, $n = N+1$, use the even numbered bits of the blocks $B=B0+4N+4$, 5, 6, 7 ($B=B0+4(N+1)+0$, 1, 2, 3) and the odd numbered bits of the blocks $B=B0+4(N+1)+4$, 5, 6, 7. Continuing with the next data blocks shows that one block always carries 57 bits of data from one data block ($n=N$) and 57 bits of data from the next block ($n=N+1$), where the bits from the data block with the higher number always are the even numbered data bits, and those of the data block with the lower number are the odd numbered bits.

The block of coded data is interleaved "block diagonal", where a new data block starts every 4th block and is distributed over 8 blocks.

$*************************************$ end

一个完整的数据块是由填充到前 4 帧偶数位置中的数据和后 4 帧的奇数位置中的数据构成。

注意：$i_0,i_2,i_4,\cdots,i_{112}$ 为奇数位置；$i_1,i_3,i_5,\cdots,i_{113}$ 为偶数位置。

总体来说，第 1 个数据（从 0 开始）为奇数位置，第 2 个数据为偶数位置。

（7）映射成帧

① 映射。GSM 普通突发数据映射的示意图如图 9.16 所示。

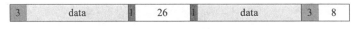

图 9.16　GSM 普通突发数据映射示意图

对于 TCH 信道，$hu=0,hl=0$，其映射关系为：

$i_0,i_1,i_2,\cdots,i_{56}, hl, hu, i_{57},\cdots,i_{112}, i_{113}$ 　　　　映射前

$e_0,e_1,e_2,\cdots,e_{56}, e_{57}, e_{58}, e_{59},\cdots,e_{114}, e_{115}$ 　　　　映射后

3GPP 协议 45.003 的原文如下：

***（3GPP 协议）start

Mapping on a Burst

The mapping is given by the rule：

$$e(B,j)= i(B,j) \text{ and } e(B,59+j)= i(B,57+j) \quad \text{for } j=0,1,\cdots,56$$

and

$$e(B,57)= hl(B) \text{ and } e(B,58)= hu(B)$$

The two bits, labelled $hl(B)$ and $hu(B)$ on burst number B are flags used for indication of control channelsignalling. For each TCH/FS block not stolen for signalling purposes：

$hu(B)= 0$ for the first 4 bursts（indicating status of even numbered bits）

$hl(B)= 0$ for the last 4 bursts（indicating status of odd numbered bits）

For the use of $hl(B)$ and $hu(B)$ when a speech frame is stolen forsignalling purposes see subclause 4.2.5.

**end

②成帧。将 tail bits、training sequence bits、guard period 和前面的 $e_0 \sim e_{115}$ 组合在一起，形成完整的 GSM 时隙突发 bursts，如图 9.17 所示。

图 9.17　GSM 时隙突发 bursts

其中，tail bits 为全 0 数据，guard period 为全 0 数据。

training sequence bits（TSC）共有 8 种数据可供选择，详见 3GPP 协议。

3GPP 协议 45.002 的原文如下：

***（3GPP 协议）start

Normal burst（NB）

Normal burst for GMSK

Bit Number（BN）		Length of field	Contents of field	Definition
0	−2	3	tail bits	(below)
3	−60	58	encrypted bits（e0, e57）	45.003
61	−86	26	training sequence bits	(below)
87	−144	58	encrypted bits（e58, e115）	45.003
145	−147	3	tail bits	(below)
148	−156	8,25	guard period（bits）	subclause 5.2.8

—where the "tail bits" are defined as modulating bits with states as follows：

$(BN0, BN1, BN2)= (0, 0, 0)$ and

$(BN145, BN146, BN147)= (0, 0, 0)$

—where the "training sequence bits" are defined as modulating bits with states as given in the following table according to the training sequence code, TSC. For BCCH and CCCH, the TSC must be equal to the BCC, as defined in 3GPP TS 23.003. In networks supporting E-OTD Location services（see 3GPP TS 43.059）, the TSC shall be equal to the BCC for all normal bursts on BCCH frequencies.

NOTE：For COMPACT, for PDTCH/PACCH on primary and secondary carriers that are indicated in EXT_FREQUENCY_LIST by parameter INT_FREQUENCY and in INT_MEAS_CHAN_LIST（see subclauses 10.1.5 and 10.2.3.2.2 of 3GPP TS 45.008）, the TSCs should be equal to the BCC, as defined in 3GPP TS 23.003 and as described in this technical specification in subclause 3.3.2, otherwise the accuracy of interference measurement reporting may be compromised.

—For CTS control channels, the TSC shall be defined by the 3 LSBs（$BN3$, $BN2$, $BN1$）of the FPBI（specified in 3GPP TS 23.003）.

Training Sequence Code（TSC）	Training sequence bits $(BN61, BN62, \cdots, BN86)$
0	$(0,0,1,0,0,1,0,1,1,1,0,0,0,0,1,0,0,0,1,0,0,1,0,1,1,1)$
1	$(0,0,1,0,1,1,0,1,1,1,0,1,1,1,1,0,0,0,1,0,1,1,0,1,1,1)$
2	$(0,1,0,0,0,0,1,1,1,0,1,1,1,0,1,0,0,1,0,0,0,0,1,1,1,0)$
3	$(0,1,0,0,0,1,1,1,1,0,1,1,0,1,0,0,0,1,0,0,0,1,1,1,1,0)$
4	$(0,0,0,1,1,0,1,0,1,1,1,0,0,1,0,0,0,0,0,1,1,0,1,0,1,1)$
5	$(0,1,0,0,1,1,1,0,1,0,1,1,0,0,0,0,0,1,0,0,1,1,1,0,1,0)$
6	$(1,0,1,0,0,1,1,1,1,1,0,1,1,0,0,0,1,0,1,0,0,1,1,1,1,1)$
7	$(1,1,1,0,1,1,1,1,0,0,0,1,0,0,1,0,1,1,1,0,1,1,1,1,0,0)$

＊＊end

（8）GMSK 调制

MSK（最小频移键控）是连续相位频移键控（CPFSK）中的一种特殊形式。其调制指数为 $h=0.5$，对于正交信号来说，MSK 在一个码元时间 T 内产生最小的频率偏移。

尽管 MSK 具有包络恒定、占用相对较窄的带宽和能进行相干解调的优点,并且功率谱在主瓣以外衰减较快,但是,在移动通信中,对信号带外辐射功率的限制非常严格,一般要求必须衰减 70 dB 以上,MSK 不能满足这个要求,因此提出了高斯最小频移键控(Gaussian Filtered Minimum Shift Keying,GMSK),它具有良好的功率谱特性和较好的抗干扰能力。

GMSK 的调制原理框图如图 9.18 所示。

图 9.18　GMSK 的调制原理框图

高斯低通滤波器的要求如下:

① 带宽窄并具有陡峭的截止特性。

② 过脉冲响应较低。

③ 输出脉冲面积为一常量,对应于 π/2 的相移。

其中,要求①是为了抑制高频分量;要求②是为了防止过大的瞬时频偏;要求③是为了使调制指数为 0.5。

高斯低通滤波器的频率特性为

$$H(f) = \exp\left[-\ln 2/2 \, (f/B)^2 \right] \tag{9.1}$$

式中:B 为滤波器的 3 dB 带宽。

对式(9.1)作逆傅里叶变换,得到滤波器的冲击响应为

$$h(t) = \frac{\sqrt{\pi}}{\alpha} \exp\left(-\frac{\pi t}{\alpha} \right)^2 \tag{9.2}$$

式中:$\alpha = \sqrt{2B}$。该滤波器对单个宽度为 T_b 的矩形脉冲的响应为 $g(t) = h(t) \cdot rect(t)$。

其中

$$rect(t) = \begin{cases} 1, & |t| < \dfrac{T_b}{2} \\ 0, & \text{其他} \end{cases} \tag{9.3}$$

故得

$$g(t) = \left\{ Q\left[\frac{2\pi B_b}{\sqrt{\ln 2}}\left(t - \frac{T_b}{2} \right) \right] - Q\left[\frac{2\pi B_b}{\sqrt{\ln 2}}\left(t + \frac{T_b}{2} \right) \right] \right\} \tag{9.4}$$

$$Q(t) = \int_1^\infty \frac{1}{\sqrt{2\pi}} \exp(-\tau^2/2)\, d\tau \tag{9.5}$$

当 BT_b(归一化带宽)取不同值时,$g(t)$ 的波形如图 9.19 所示(通常使用 B 与 T_b 的乘积来定义 GMSK)。

BT_b 值越小,$g(t)$ 的波形越宽,幅度越小;当 BT_b 为有限值时,$g(t)$ 的宽度大于一个码元的宽度,即高斯滤波引入了码间干扰,BT_b 越小,相邻码元间的影响越大。这种码间干

扰使 GMSK 信号的相位路径得到平滑,同时也使得 GMSK 信号在一码元周期内的相位增量不像 MSK 那样为 $\frac{\pi}{2}$ 或 $-\frac{\pi}{2}$,而是随着输入序列的不同而不同。当 $BT_b = \infty$ 时,即是 MSK 信号。

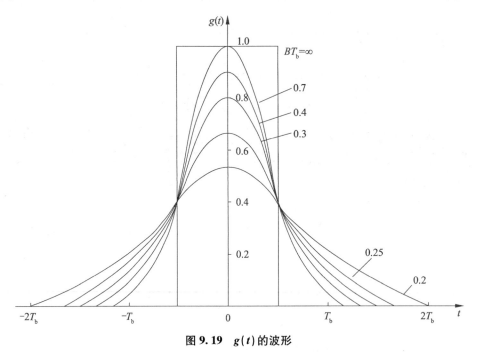

图 9.19 $g(t)$ 的波形

GMSK 的相位路径如图 9.20 所示。

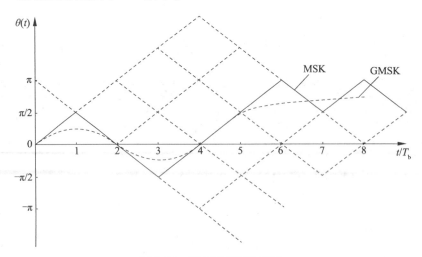

图 9.20 GMSK 的相位路径

图 9.20 表明,从 MSK 到 GMSK,相位变化变得平滑了。

MSK 波形的正交形式为

$$S_{\text{MSK}(t)} = p_k \cos \frac{\pi t}{2T_s} \cos \omega_c t - q_k \sin \frac{\pi t}{2T_s} \sin \omega_c t (k-1) , \ T_s < t \leqslant kT_s \tag{9.6}$$

式中

$$p_k = \cos \varphi_k = \pm 1$$
$$q_k = a_k \cos \varphi_k = \pm 1 \tag{9.7}$$

式中：a_k 是输入序列，且 $a_k = \pm 1$。

GMSK 波形的正交形式为

$$S(t) = \cos \left\{ \omega_c t + \frac{\pi}{2T_s} \int_{-\infty}^{t} \sum_{n=-\infty}^{+\infty} a_n g \left(\tau - nT_s - \frac{T_s}{2} \right) \mathrm{d}\tau \right\} \ (a_n \text{ 为输入数据}) \tag{9.8}$$

GMSK 波形的正交形式为

$$S_{\text{GMSK}}(t) = \cos [\omega_c t + \varphi(t)] = \cos \omega_c t \cos \varphi(t) - \sin \omega_c t \sin \varphi(t) \tag{9.9}$$

式中：

$$\varphi(t) = \frac{\pi}{2T_b} \int_{-\infty}^{t} \sum_{n=-\infty}^{+\infty} a_n g \left(\tau - nT_b - \frac{T_b}{2} \right) \mathrm{d}\tau \tag{9.10}$$

GMSK 调制框图如图 9.21 所示。

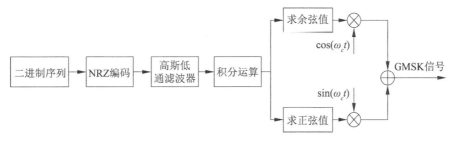

图 9.21　GMSK 调制框图

$\varphi(t)$ 由输入数据 a_n 决定,得到两个支路的基带信号 $\cos \varphi(t)$ 和 $\sin \varphi(t)$,分别与两个正交的载波相乘后合并得到 GMSK 信号。

(9) GMSK 解调

相干解调:

已知 $S_{\text{MSK}(t)} = I_k \cos \dfrac{\pi t}{2T_s} \cos \omega_c t - Q_k \sin \dfrac{\pi t}{2T_s} \sin \omega_c t$,将其正交解调。

对于 I_k 路:

$$\left(I_k \cos \frac{\pi t}{2T_s} \cos \omega_c t + Q_k \sin \frac{\pi t}{2T_s} \sin \omega_c t \right) \cos \omega_c t$$

$$= \frac{1}{2} I_k \cos \frac{\pi t}{2T_s} + \frac{1}{4} \cos \left(2\omega_c + \frac{\pi t}{2T_s} \right) + \frac{1}{4} I_k \cos \left(2\omega_c - \frac{\pi t}{2T_s} \right) -$$

$$\frac{1}{4} Q_k \cos \left(2\omega_c + \frac{\pi t}{2T_s} \right) + \frac{1}{4} Q_k \cos \left(2\omega_c - \frac{\pi t}{2T_s} \right) \tag{9.11}$$

对于 Q_K 路：

$$\left(I_k\cos\frac{\pi t}{2T_s}\cos\omega_c t+Q_k\sin\frac{\pi t}{2T_s}\sin\omega_c t\right)\sin\omega_c t$$

$$=\frac{1}{2}Q_k\cos\frac{\pi t}{2T_s}+\frac{1}{4}I_k\sin\left(2\omega_c+\frac{\pi t}{2T_s}\right)+\frac{1}{4}I_k\sin\left(2\omega_c-\frac{\pi t}{2T_s}\right)-$$

$$\frac{1}{4}Q_k\sin\left(2\omega_c+\frac{\pi t}{2T_s}\right)+\frac{1}{4}Q_k\sin\left(2\omega_c-\frac{\pi t}{2T_s}\right) \tag{9.12}$$

还需要将频率为 $2\omega_c\pm\dfrac{\pi}{2T_s}$ 的成分利用低通滤波器滤除掉，留下所需要的 $\dfrac{1}{2}I_k\cos\dfrac{\pi t}{2T_s}$ 和

$\dfrac{1}{2}Q_k\sin\dfrac{\pi t}{2T_s}$，然后对其采样即可还原为 I_k、Q_k 两路信号。

GMSK 解调还可以采用时延判决相干解调、非相干解调，如比特差分检测等方法。

3GPP 协议 45.004 的原文如下：

***(3GPP 协议)start

2 Modulation format for GMSK

2.1 Modulating symbol rate

The modulating symbol rate is the normal symbol rate which is defined as $1/T=1625/6$ ksymb/s (i.e. approximately 270.833 ksymb/s), which corresponds to 1625/6 kbit/s (i.e. 270.833 kbit/s). T is the normal symbol period (see 3GPP TS 45.010).

2.2 Start and stop of the burst

Before the first bit of the bursts as defined in 3GPP TS 45.002 enters the modulator, the modulator has an internal state as if a modulating bit stream consisting of consecutive ones ($d_i=1$) had entered the differential encoder. Also after the last bit of the time slot, the modulator has an internal state as if a modulating bit stream consisting of consecutive ones ($d_i=1$) had continued to enter the differential encoder. These bits are called dummy bits and define the start and the stop of the active and the useful part of the burst as illustrated in figure 1. Nothing is specified about the actual phase of the modulator output signal outside the useful part of the burst.

Figure 1: Relation between active part of burst, tail bits and dummy bits. For the normal burst the useful part lasts for 147 modulating bits

2.3 Differential encoding

Each data value $d_i=[0,1]$ is differentially encoded. The output of the differential encoder is:

$$\hat{d}_i=d_i\oplus d_{i-1}(d_i\in\{0,1\})$$

where ⊕denotes modulo 2 addition.

The modulating data value α_i input to the modulator is：

$$\alpha_i = 1 - 2\hat{d}_i\,(\,\alpha_i \in \{-1\,,+1\}\,)$$

2.4　Filtering

The modulating data values α_i as represented by Dirac pulses excite a linear filter with impulse response defined by：

$$g(t) = h(t)\, \cdot\, rect\!\left(\frac{t}{T}\right)$$

where the function $rect(x)$ is defined by：

$$rect\!\left(\frac{t}{T}\right) = \frac{1}{T}\ \text{for}\ |t| < \frac{T}{2}$$

$$rect\!\left(\frac{t}{T}\right) = 0\ \text{otherwise}$$

and $*$ means convolution. $h(t)$ is defined by：

$$h(t) = \frac{\exp\!\left(\dfrac{-t^2}{2\delta^2 T^2}\right)}{\sqrt{2\pi}\,\delta T}$$

where $\delta = \dfrac{\sqrt{\ln 2}}{2\pi BT}$　and $BT = 0.3$

where B is the 3 dB bandwidth of the filter with impulse response $h(t)$. This theoretical filter is associated with tolerances defined in 3GPP TS 45.005.

2.5　Output phase

The phase of the modulated signal is：

$$\varphi(t') = \sum_i \alpha_i \pi h \int_{-\infty}^{t'-iT} g(u)\,\mathrm{d}u$$

where the modulating index h is 1/2 (maximum phase change in radians is $\pi/2$ per data interval).

The time reference $t' = 0$ is the start of the active part of the burst as shown in figure 1. This is also the start of the bit period of bit number 0 (the first tail bit) as defined in 3GPP TS 45.002.

2.6　Modulation

The modulated RF carrier, except for start and stop of the TDMA burst may therefore be expressed as：

$$x(t') = \sqrt{\frac{2E_c}{T}} \cdot \cos\left[2\pi f_0 t' + \varphi(t') + \varphi_0\right]$$

where E_c is the energy per modulating bit, f_0 is the centre frequency and φ_0 is a random phase and is constant during one burst.

***end

3. 模块功能说明和接口定义

(1) CRC 添加模块

① CRC 添加接口函数:

  [SourCrcBit] = TchCrc_add(tchdata)

② 功能:对输入数据的前 50 比特进行 CRC 运行,生成 3 比特校验数据。

③ 参数定义:

Tchdata:输入数据,数据为 260 比特,运算中只取前 50 比特。

SourCrcBit:生成的 CRC 校验比特,共 3 比特。

(2) 卷积编码模块

① 卷积编码接口函数:

  [class1co_data,Tch_co_data] = TchCode(class1,tchdata)

② 功能:实验卷积编码[23,33],输入 189 比特,输出 378 比特。

③ 参数定义:

class1:数据输入,数据来自数据重排模块输出,数据长度为 189 比特。

tchdata:数据输入,数据为 260 比特,运算中只取后 78 比特的 II 类数据。

class1co_data:卷积编码后的数据,共 378 比特。

Tch_co_data:卷积编码后的数据和 II 类数据组合数据,共 456 比特。

(3) 交织模块

① 交织接口函数:

  [coin_data] = TchInterleav(Tch_co_data)

② 功能:将一个语音包交织后填充到 8 个突发中,前 4 个突发占(0,2,4,…,112),后 4 个突发占(1,3,5,…,113)。

③ 参数定义:

Tch_co_data:数据输入,输入数据来自于数据组合后的数据,共 456 比特。

coin_data:生成 8 帧,每帧 114 比特的数据,coin_data 为 (8,114)的二维数组。

4. 功能验证

Step1:将设备串口和计算机串口相连(计算机最好不再连接其他要用串口的设备),设备网口和计算机网口相连,将设备网口的 IP 地址设置成当前计算机的 IP 地址。

Step2:打开"基于软件无线电平台的 GSM 物理层链路协议实现"实验对应的程序源码,找到"GSM.vi"文件并打开,如图 9.22 所示。

图 9.22　GSM.vi 代码位置

注意:所有的程序代码都要保存在非中文路径下。

Step3:打开"GSM.vi"文件后弹出如图 9.23 所示界面。

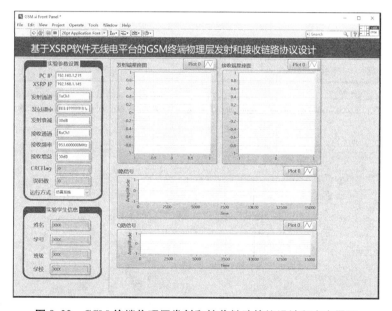

图 9.23　GSM 终端物理层发射和接收链路协议设计程序主界面

Step4:把计算机和 XSRP 的 IP 地址改成对应的 IP 地址,单击"运行"按钮，查看误码数，仿真运行和真实系统运行结果分别如图 9.24 和图 9.25 所示。

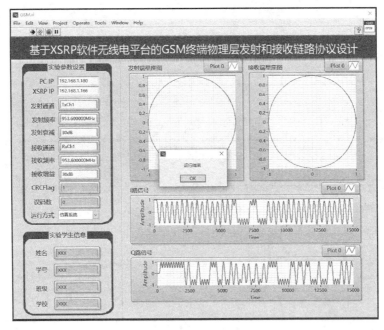

图 9.24　仿真运行结果

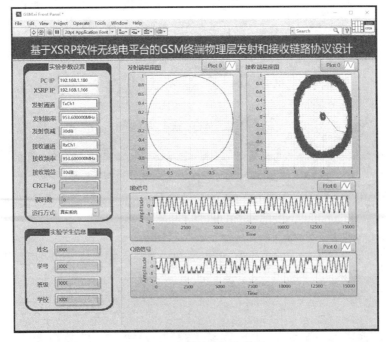

图 9.25　真实系统运行结果

9.3　资源配置

本项目设计的软件资源配置如下：

（1）LabVIEW 2015。

（2）Matlab 2012b。

9.4　工作安排

本项目设计的工作安表说明如表 9.4 所示。

表 9.4　工作安排说明

阶段	子阶段	主要任务
阶段 1	理解任务,掌握原理,了解框架	通过阅读提供的资料和网上查找的资料,深入理解设计任务,掌握其设计原理,了解其设计框架,明确自己要做的工作。
阶段 2	安装软件,领取设备,验证功能	（1）安装"所需资源"中"软件资源"对应的软件。 （2）领取或找到项目设计需要用到的 XSRP 软件无线电平台及其各种配件,掌握硬件平台的基本使用方法。 （3）按照本项目设计指南介绍的方法,运行提供的案例程序,测试该项目最终的实现效果(相当于先看到了实现的效果,再倒过来完成实现的过程)。
阶段 3	补充所缺的知识	［1］陈杰. MATLAB 宝典［M］.4 版.北京:电子工业出版社,2013. ［2］陈树学,刘萱. LabVIEW 宝典［M］.北京:电子工业出版社,2017.
阶段 4	读懂案例的框架,编写核心部分程序	（1）读懂程序。 （2）利用子 VI 模块搭建系统。
阶段 5	软硬件联调	系统搭建完成后与 XSRP 软件无线电平台硬件进行联调,测试其功能,并优化效果。
阶段 6	编写项目设计报告	按照任务书中的相关要求,认真编写项目设计报告,完成后打印并提交。

项 目 10

基于软件无线电平台的 OFDM 通信系统设计

10.1　任务书

本项目设计的任务书说明如表10.1所示。

表 10.1　任务书说明

任务书组成	说明
设计题目	基于软件无线电平的 OFDM 通信系统设计
设计目的	（1）巩固通信原理的基础理论知识，并将理论知识应用到实践中。 （2）通过软硬件结合的方式，构建 OFDM 通信系统。 （3）掌握通过 LabVIEW 软件和 XSRP 软件无线电平台实现通信系统的方法。
设计内容	（1）生成随机比特数据，对比特数据通过调制映射（QPSK、16QAM）、串并转换、IFTT 变换、添加循环间隔、并串转换，添加帧同步信号后得到 I/Q 信号。生成的 I/Q 信号数据通过千兆以太网发送到 XSRP 软件无线电平台，在软件无线电平台中完成 I/Q 数据的 D/A 转换、上变频载波调制，射频在指定频点将信号通过天线发射出去。无线信号经过空中无线信道，再通过射频的接收天线在对应的频点将数据接收、下变频、低通滤波、A/D 转换，得到 I/Q 信号。接收的 I/Q 信号通过千兆以太网发送到计算机，在计算机上对接收的 I/Q 信号进行处理，包括帧同步、串并转换、去循环间隔、FFT 变换、并串转换、解调制映射，对还原后的比特数据和发送端比特数据进行对比统计误码数。 （2）需要掌握 Matlab 基本编程方法及根据相应原理实现对应的算法，最后形成一个完整系统。本项目提供了案例程序，打开并运行该程序，可以提前了解项目要求实现的效果。 （3）案例中实现的核心 Matlab 代码已被加密，学生看不见程序源码，需要自己编写。学生先读懂不需要修改的程序，然后编写要求的函数程序，再进行软硬件联调（需要掌握 XSRP 软件无线电平台的使用方法），要求得到和验证方式一样的效果。
设计要求	1. 功能要求 （1）基于 XSRP 软件无线电平台，设计 OFDM 调制解调系统。通过发送随机比特数据，经过 XSRP 软件无线电的发射接收（自发自收），对接收信号进行解调，最后统计误码率。 （2）编写 Matlab 程序，要求程序可以仿真运行，并且能还原正确的星座图。 （3）编写 LabVIEW 程序，要求前面板显示发送信号频域波形收发端星座图。 （4）与 XSRP 软件无线电平台联调，要求能正确还原星座图。

任务书组成	说明	
设计要求	2. 指标要求 　　（1）发射频率：2380 MHz。 　　（2）发送衰减：可设置，范围为 0～90 dB。 　　（3）接收频率：2380 MHz。 　　（4）接收增益：可设置，范围为 0～40 dB。 　　（5）调制方式：QPSK、16QAM。	
设计报告	1. 项目设计报告格式 　　按照学校要求的统一格式，提交一份纸质版的项目设计报告。设计报告正文的字体要求：大标题采用小三号宋体，小标题采用四号宋体，内容采用小四号宋体；行间距为 1.5 倍；设计报告从正文开始编页码；左侧装订；设计报告不少于 25 页。 2. 项目设计报告内容 　　（1）封面； 　　（2）项目设计任务书； 　　（3）考核表； 　　（4）摘要、关键词； 　　（5）目录； 　　（6）正文（包括需求分析、总体设计、详细设计、系统调试、设计结果、设计总结等部分）； 　　（7）参考文献； 　　（8）附录（包括原理图、流程图、程序等）。	
时间安排	起止时间	工作内容
	第一天	通过阅读提供的资料和网上查找的资料，深入理解设计任务，掌握其设计原理，了解其设计框架，明确自己要做的工作。
	第二天	（1）安装"所需资源"中"软件资源"对应的软件。 （2）领取或找到项目设计需要用到的 XSRP 软件无线电平台及其各种配件，掌握硬件平台的基本使用方法。 （3）按照设计指南介绍的方法，运行提供的案例程序，测试该项目最终的实现效果。
	第三天	分析项目设计内容，根据设计指南明确自己所缺的软硬件知识并做针对性补充。
	第四至第七天	读懂案例程序的框架及 Matlab 源码，按照设计指南的要求编写核心部分 Matlab 程序并进行测试。
	第八天	与 XSRP 软件无线电平台硬件联调，测试其功能，并优化指标。
	第九天	编写项目设计报告。
	第十天	修改项目设计报告，打印项目设计报告并提交。
参考资料	［1］樊昌信，曹丽娜. 通信原理［M］.7 版.北京：国防工业出版社，2021. ［2］张瑾，周原.基于 MATLAB/Simulink 的通信系统建模与仿真［M］.2 版.北京：北京航空航天大学出版社，2017. ［3］陈树学，刘萱. LabVIEW 宝典［M］.北京：电子工业出版社，2017.	
主要设备	（1）XSRP 软件无线电平台 1 台（包含其全部配件）。 （2）计算机 1 台（装有 Matlab 2012b、LabVIEW 2015）。	

10.2 设计指南

10.2.1 设计任务解读

OFDM 通信系统工作原理示意图如图 10.1 所示。

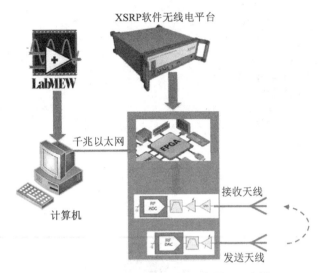

图 10.1 OFDM 通信系统工作原理示意图

1. 信号产生与处理

在 Matlab 下编写程序实现生成随机比特数据，对比特数据进行信道编码，然后进行调制映射（QPSK、16QAM）、串并转换、IFTT 变换、添加循环前缀、生成同步信号，添加同步信号后得到 I/Q 信号。生成的 I/Q 信号数据通过千兆以太网发送到 XSRP 软件无线电平台，在软件无线电平台中完成 I/Q 数据的 D/A 转换、上变频载波调制，射频在指定频点将信号通过天线发射出去。无线信号经过空中无线信道，再通过射频的接收天线在对应的频点将数据接收、下变频、低通滤波、A/D 转换，得到 I/Q 信号。接收的 I/Q 信号通过千兆以太网发送到计算机，在计算机上对接收的 I/Q 信号进行处理，包括时隙同步、去循环间隔、FFT 变换、并串转换、相偏纠正、解调制映射、信道解码，对还原后的比特数据和发送端比特数据进行对比统计误码数。

2. 编程

需要掌握 Matlab 基本编程方法，根据算法要求实现特征参数提取，通过 XSRP 软件无线电平台将调制信号自发自收，对接收信号进行自动识别。

3. 设计难度分级

本设计共有三级难度（表 10.2），学生可以根据自己的实际情况选择。

表 10.2　设计难度分级

难度级数	任务内容	说明
三级	（1）效果验证。提供了案例程序，打开并运行该程序，可以提前了解项目要求实现的效果。 （2）编写核心代码。案例中实现的核心代码(IFFT 模块和加 CP 模块)已加密，学生看不见程序代码，需要自己编写。 （3）仿真。程序完成后进行软件仿真，确保代码无误后再进行软硬件联调，要求识别正确率达到指定要求。	
二级	（1）效果验证。提供了案例程序，并运行打开该程序，可以提前了解项目要求实现的效果。 （2）编写核心代码。案例中实现的核心代码(IFFT 模块、FFT 模块、信道编码模块、生成 CP 模块)已加密，学生看不见程序代码，需要自己编写。 （3）仿真。程序完成后进行软件仿真，确保代码无误后再进行软硬件联调，要求能接收到正确的星座图。	
一级	只提供设计要求，设备使用方法，设备调用接口，不提供任何子模块程序，全部程序和软硬件联调由自己完成。	

4. 软件无线电平台使用方法

本项目设计中学生需要掌握 XSRP 软件无线电平台调用其射频部分、基带部分等的基本使用方法。

10.2.2　设计原理

1. 原理框图

正交频分复用(Orthogonal Frequency Division Multiplexing, OFDM)由多载波调制发展而来，它的调制解调是基于 IFFT 和 FFT 实现的，是复杂度最低、应用最广泛的一种多载波传输方案。

OFDM 的原理是将信道分成若干个子信道，将数据信号转换成并行的低速子数据流，调制到每个子信道上进行传输。OFDM 允许子载波频谱部分重叠，只要能满足子载波之间相互正交，就可以从混叠的子载波上分离出数据信息。由于 OFDM 允许子载波频率混叠，其频谱效率大大提高，因而是一种高效的调制方式，在 LTE 系统中采用了 OFDM 技术。

为了避免多径时延扩展影响子载波的正交性，需添加循环前辍(CP, Cyclic Prefix)。其方法是在 IFFT 后将 OFDM 符号的尾部重复加在该符号前面。

整体设计实现原理如图 10.2 所示。

图 10.2 中，射频收发部分，即 XSRP 软件无线电平台的射频部分；基带处理部分，即 XSRP 软件无线电平台的基带部分；算法实现部分，在计算机中实现。

XSRP 软件无线电平台=机箱+射频部分+基带部分+配件(电源线、网线、USB 线、天线等)。

本项目设计要求学生完成 OFDM 调制解调及加 CP 模块。下面主要对 OFDM 调制和加 CP 的原理进行重点分析。

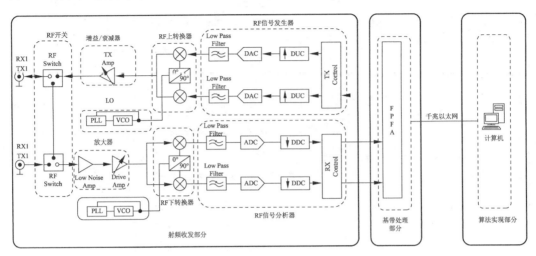

图 10.2　OFDM 通信系统实现原理框图

OFDM 的 N 个子载波为

$$x_k = A_k \cos(2\pi f_k t + \varphi_k), k = 0, 1, 2, 3, \cdots, N-1 \tag{10.1}$$

式中:A_k、f_k、φ_k 分别表示第 k 个子载波的振幅、频率、相位。

将 N 个调制后的子载波相加,得

$$S(t) = \sum_{k=0}^{N-1} x_k \tag{10.2}$$

当 $f_k = (2k+m)/2T$ 时,m 为任意正整数,T 为码元周期,则一个码元周期内子载波彼此保持正交,即

$$\int_0^T \cos(2\pi f_k t + \phi_k) \cos(2\pi f_{k+i} t + \varphi_{k+i}) \, dt = 0 \tag{10.3}$$

如果令 $\sin t$ 的幅度为 a,$\sin 2t$ 的幅度为 b,也就是将 a 调制于 $\sin t$,将 b 调制于 $\sin 2t$,同时传输这两个调制了信号的正弦波(子载波)$a\sin t + b\sin 2t$,在接收时又分别对两路子载波进行积分,即

$$\int_0^{2\pi} (a\sin t + b\sin t \times \sin t) \, dt = a \int_0^{2\pi} \sin^2 t \, dt \tag{10.4}$$

$$\int_0^{2\pi} (a\sin t + b\sin t \times \sin 2t) \, dt = b \int_0^{2\pi} \sin^2 2t \, dt \tag{10.5}$$

这样就将原始信息 a 和 b 解调出来了,两路子载波互不干扰,而 OFDM 就是通过多路互不干扰的子载波传递不同的信息。由于子载波的正交性,其频率间隔很小,使得频带的利用率很高。

设 $f_0 \sim f_{N-1}$ 是以 Δf 为频率间隔(能使每个子载波互相正交的频率间隔)的 N 个频率,N_c 为子载波个数,则

$$f(t) = b_1\sin(2\pi f_k t) + b_2\sin(2\pi f_{k+1}t) + \cdots + b_{N_c}\sin(2\pi f_{k+N_{c-1}}t) \tag{10.6}$$

由于正弦函数与余弦函数的正交关系,式(10.6)可以写为

$$f(t) = b_1\sin(2\pi f_k t) + b_2\sin(2\pi f_{k+1}t) + \cdots + b_{N_c}\sin(2\pi f_{k+N_{c-1}}t) +$$
$$a_1\sin(2\pi f_k t) + a_2\sin(2\pi f_{k+1}t) + \cdots + a_{N_c}\sin(2\pi f_{k+N_{c-1}}t) \tag{10.7}$$

$f(t)$ 的复数形式为

$$f(t) = \sum_{k=1}^{N_k} a_k\cos(2\pi f_k t) + \sum_{k=1}^{N_k} b_k\sin(2\pi f_k t) = \sum_{k=1}^{N_k} F_k e^{j2\pi f_l t} \tag{10.8}$$

该式和 IFFT 一致,所以可以直接用 IFFT 作 OFDM,而解调作 FFT 即可。

添加 CP 的原理框图如图 10.3 所示。

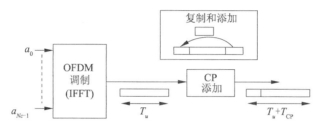

图 10.3　添加 CP 的原理框图

LTE 的一个时隙为 0.5 ms,对应的采样点为 15360 个。一个时隙含 7 个 OFDM 符号,一个 OFDM 符号含 2048 个样点,则 15360−2048×7 即为 CP 的点数。具体每个符号 CP 的点数如表 10.3 所示。

表 10.3　每个符号 CP 的点数

配置	l	循环前缀长度 $N_{CP,l}$
常规循环前缀	0	160
	$1,2,\cdots,6$	140

若以 (n,k,m) 描述卷积码,其中 k 为每次输入卷积编码器的比特数,n 为每个 k 元组码字对应的卷积码输出 n 元组码字,m 为编码存储度,也就是卷积编码器的 k 元组的级数,称 $m+1=K$ 为编码约束度,m 为约束长度。卷积码将 k 元组输入码元编成 n 元组输出码元,k 和 n 通常很小,特别适合以串行形式进行传输,时延小。与分组码不同,卷积码编码生成的 n 元组不仅与当前输入的 k 元组有关,还与前面 $m-1$ 个输入的 k 元组有关,编码过程中互相关联的码元个数为 nm。卷积码的纠错率随 m 的增加而增大,而差错率随 N 的增加而指数下降。在编码器复杂性相同的情况下,卷积码的性能优于分组码。卷积码的编码原理如图 10.4 所示。

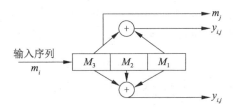

图 10.4 卷积码的编码器

2. 功能验证

Step1:将设备串口和计算机串口相连(计算机最好不再连接其他要用串口的设备),设备网口和计算机网口相连,将设备网口的 IP 地址设置成当前计算机的 IP 地址。

Step2:打开"基于软件无线电平台的 OFDM 通信系统设计"对应的程序源码,找到"OFDM_Main.vi"文件并打开,如图 10.5 所示。

图 10.5 OFDM_Main.vi 文件所在位置

注意:所有的程序代码都要保存在非中文路径下。

Step3:打开"OFDM_Main.vi"文件后弹出如图 10.6 所示界面。

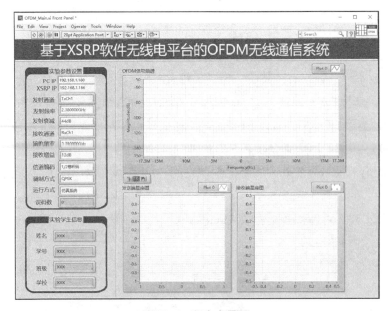

图 10.6 程序主界面

Step4:把计算机和 XSRP 的 IP 地址改成对应的 IP 地址,"运行方式"配置为仿真系统,单击"运行"按钮 ⊡,等待运行结束后,查看"误码数",在调制方式 QPSK 和 16QAM 下,仿真系统的运行结果分别如图 10.7 和图 10.8 所示。切换"运行方式"为真实系统,调制方式配置为 QPSK,单击"运行"按钮,等待运行结束后,查看"误码数";切换调制方式配置为 16QAM,单击"运行"按钮,等待运行结束后,查看"误码数",真实系统运行结果如图 10.9 所示。

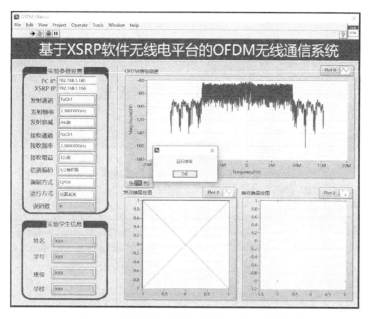

图 10.7　仿真系统 QPSK 调制方式的运行结果

图 10.8　仿真系统确 6QAM 调制方式的运行结果

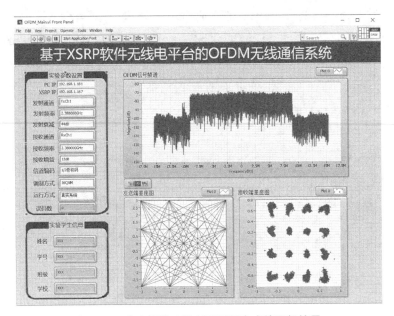

图 10.9　真实系统 16QAM 调制方式的运行结果

3. 程序解读

程序解读流程如图 10.10 所示。

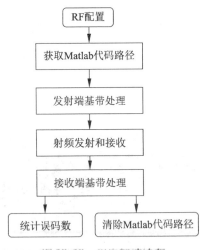

图 10.10　程序解读流程

图 10.10 表明,本项目设计的程序分为 7 大模块。其中 RF 配置模块、获取 Matlab 代码路径模块、射频发射和接收模块、清除 Matlab 代码路径模块由学生完成,只需要理解其功能。

(1) RF 配置模块(图 10.11)

① 名称:RFConfig.vi。

② 功能:配置 XSRP 的硬件的射频发射和接收参数。

③ 输入参数:发射参数(发射通道、发射频率、发射衰减);接收参数(接收通道、接收频率、接收增益);错误输入。

④ 输出参数：错误输出。

⑤ 位置：在文件夹"SDR_AMR"下的".\LabviewSubVI\RFConfig\RFConfig.vi"中。

图 10.11　RF 配置模块

（2）获取 Matlab 代码路径模块（图 10.12）

① 名称：GetMatlabCodePath.vi。

② 功能：获取 MatlabCode 文件夹所在的路径。

③ 输入参数：无。

④ 输出参数：MatlabCodePath（Matlab 代码路径）。

⑤ 位置：文件夹"SDR_AMR"下的".\LabviewSubVI\GetMatlabCodePath.vi"。

图 10.12　获取 Matlab 代码路径模块

（3）清除 Matlab 代码路径缓存模块（图 10.13）

① 名称：MatlabPathClear.vi。

② 功能：清除执行 Matlab 代码所加入的路径缓存。

③ 输入参数：Path（Matlab 代码路径），错误输入。

④ 输出参数：错误输出。

⑤ 位置：在文件夹"SDR_AMR"下的".\LabviewSubVI\MatlabPathClear.vi"中。

图 10.13　清除 Matlab 代码路径缓存模块

（4）统计识别正确率模块（图 10.14）

① 名称：CalcCorrectRate.vi。

② 功能：统计样本数的调制方式的识别正确率。

③ 输入参数：样本数，调制类型，识别后的调制类型。

④ 输出参数：识别正确率。

⑤ 位置：在文件夹"SDR_AMR"下的".\LabviewSubVI\CalcCorrectRate.vi"中。

图 10.14　统计识别正确率模块

4. 程序设计

程序设计框图如图 10.15 所示。

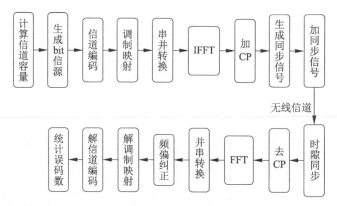

图 10.15   程序设计整体框图

程序设计的所有模块都已经提供,其分别对应的 VI 名称如下:OFDM_TxCalcSoltCap.vi、OFDM _ TxGenBitSource. vi、OFDM _ TxTrchCoder. vi、OFDM _ TxMod. vi、OFDM _ TxSerialToPara.vi、OFDM_TxIFFT.vi、OFDM_TxAddCP.vi、OFDM_TxSCGenerate.vi、OFDM_TxAddSyncCode.vi、OFDM_RFLoopback.vi、OFDM_RxTimeslotSync.vi、OFDM_RxDelteCP.vi、OFDM_RXFFT.vi、OFDM_RxParalleToSeri.vi、OFDM_RxPhaseCorrect.vi、OFDM_RxDemod.vi、OFDM_RxTrchDecoder.vi。

学生需要理解每个模块在系统中的作用,并使用模块搭建完整的通信系统。

(1)模块说明

1)计算信道容量模块(图 10.16)。

① 名称:OFDM_TxCalcSoltCap.vi。

② 功能:根据编码方式、调制方式、OFDM 符号数、子载波数,计算信道一个时隙传输的 bit 数。

③ 输入参数:Matlab 代码路径;调制方式 mod_type;编码方式 coder_type;子载波数 subCarryNum,OFDM 符号数 ofdm_num;错误输入。

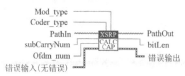

图 10.16   计算信道容量模块

注意:本系统的子载波数固定配置为 1200(与 LTE 标准一致),ofdm 符号数固定配置为 7。

调制方式支持 QPSK 和 16QAM,分别对应值 1 和 2。

信道编码方式支持 1/2 卷积码和 1/3 卷积码,分别对应值 1 和 2。

④ 输出参数:Matlab 代码路径;一个时隙 bit 数 bitLen;错误输出。

⑤ 位置:文件夹下的".\LabviewSubVI\OFDM_TxCalcSoltCap.vi"。

2）产生比特信源模块（图 10.17）。

① 名称：OFDM_TxGenBitSource.vi 。

② 功能：根据输入参数 bitLen 值，产生 bitLen 长度个随机 01 比特。

③ 输入参数：Matlab 代码路径；比特长度 bitLen；错误输入。

④ 输出参数：Matlab 代码路径；信源比特数据 sourceBit；错误输出。

⑤ 位置：设文件夹下的".\LabviewSubVI\OFDM_TxGenBitSource.vi"。

图 10.17　产生比特信源模块

3）信道编码模块（图 10.18）。

① 名称：OFDM_TxTrchCoder.vi 。

② 功能：对输入的信源比特按照信道编码方式进行编码。

③ 输入参数：Matlab 代码路径；信源比特数据 sourceBit；编码方式 coder_type；错误输入。

④ 输出参数：Matlab 代码路径；编码后比特数据 tch_data；错误输出。

⑤ 位置：文件夹下的".\LabviewSubVI\ OFDM_TxTrchCoder.vi"。

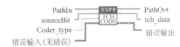

图 10.18　信道编码模块

4）调制映射模块（图 10.19）。

① 名称：OFDM_TxMod.vi 。

② 功能：对输入的比特按照调制映射类型产生映射后符号数据。

③ 输入参数：Matlab 代码路径；比特数据 tch_data；调制映射方式 mod_type；错误输入。

④ 输出参数：Matlab 代码路径；调制映射后符号数据 mod_data；错误输出。

⑤ 位置：文件夹下的".\LabviewSubVI\ OFDM_TxMod.vi"。

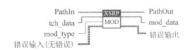

图 10.19　调制映射模块

5）串并转换模块（图 10.20）。

① 名称：OFDM_TxSerialToPara.vi 。

② 功能：将输入的串行数据转换为并行数据输出。

③ 输入参数：Matlab 代码路径；映射后符号数据 mod_data；错误输入。

④ 输出参数：Matlab 代码路径；并行数据 parallel_data；错误输出。

⑤ 位置:文件夹下的".\LabviewSubVI\ OFDM_TxSerialToPara.vi"。

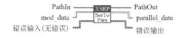

图 10. 20　串并转换模块

6) IFFT 模块(图 10.21)。

① 名称:OFDM_TxIFFT.vi。

② 功能:将并行数据按行做 IFFT 变换后输出。

③ 输入参数:Matlab 代码路径;并行符号数据 parallel_data;错误输入。

④ 输出参数:Matlab 代码路径;IFFT 后数据 ifft_data;错误输出。

⑤ 位置:文件夹下的".\LabviewSubVI\ OFDM_TxIFFT.vi"。

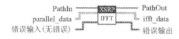

图 10. 21　IFFT 模块

7) 加 CP 模块(图 10.22)。

① 名称:OFDM_TxAddCP.vi。

② 功能:对 IFFT 后的数据加循环前缀并将并行数据转为串行。

③ 输入参数:Matlab 代码路径;IFFT 数据 ifft_data;错误输入。

④ 输出参数:Matlab 代码路径;加 CP 后数据 add_cp_data;错误输出。

⑤ 位置:文件夹下的".\LabviewSubVI\ OFDM_TxAddCP.vi"。

图 10. 22　加 CP 模块

8) 生成同步信号模块(图 10.23)。

① 名称:OFDM_TxSCGenerate.vi。

② 功能:生成用于接收端时隙同步的同步信号。

③ 输入参数:Matlab 代码路径;同步信号采样率 sample_rate;错误输入。

④ 输出参数:Matlab 代码路径;同步数据 sc_data;错误输出。

⑤ 位置:文件夹下的".\LabviewSubVI\ OFDM_TxSCGenerate.vi"。

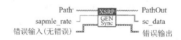

图 10. 23　生成同步信号模块

注意:本系统的 sampel_rate 值为固定值 16。

9) 加同步信号模块(图 10.24)。

① 名称:OFDM_TxAddSyncCode.vi。

② 功能:对添加 CP 后的数据添加同步信号,添加的同步信号位置为第 1 个 OFDM 符号之前的 160 个样点。

③ 输入参数:Matlab 代码路径;加 CP 后数据 add_cp_data;同步数据 sc_data;错误输入。

④ 输出参数:Matlab 代码路径;待发送 I/Q 数据 tx_data;错误输出。

⑤ 位置:文件夹下的".\LabviewSubVI\ OFDM_TxAddSyncCode.vi"。

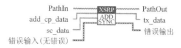

图 10.24　加同步信号模块

10) 信号环回模块(图 10.25)。

① 名称:OFDM_RFLoopback.vi。

② 功能:将基带 I/Q 信号发送给 XSRP,在 XSRP 中进行 D/A 转换、上变频、天线发射、天线接收、下变频、A/D 转换,最后得到接收的 I/Q 信号。

③ 输入参数:Matlab 代码路径;加 CP 后数据 add_cp_data;同步数据 sc_data;错误输入。

④ 输出参数:Matlab 代码路径;待发送 I/Q 数据 tx_data;错误输出。

⑤ 位置:文件夹下的".\LabviewSubVI\ OFDM_RFLoopback.vi"。

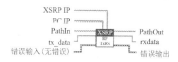

图 10.25　信号环回模块

11) 时隙同步模块(图 10.26)。

① 名称:OFDM_RxTimeslotSync.vi。

② 功能:根据同步码对信号进行时隙同步。

③ 输入参数:Matlab 代码路径;接收到的数据;数据采样率;错误输入。

④ 输出参数:Matlab 代码路径;同步成功标志位;同步码位置;错误输出。

⑤ 位置:文件夹下的".\LabviewSubVI\ OFDM_ RxTimeslotSync.vi"。

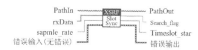

图 10.26　时隙同步模块

12) 去除循环前缀模块(图 10.27)。

① 名称:OFDM_RxDelteCP.vi。

② 功能:去除循环前缀。

③ 输入参数:Matlab 代码路径;接收到的数据;同步码位置;错误输入。

④ 输出参数:Matlab 代码路径;去除前缀后的数据;同步码(用于纠正相位偏移);错误输出。

⑤ 位置:文件夹下的".\LabviewSubVI\ OFDM_RxDelteCP.vi"。

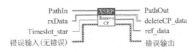

图 10.27　去除循环前缀模块

13) FFT 模块(图 10.28)。

① 名称:OFDM_RxFFT.vi。

② 功能:对数据按行进行 FFT。

③ 输入参数:Matlab 代码路径;去除循环前缀后的数据;错误输入。

④ 输出参数:Matlab 代码路径;进行 FFT 后的数据;错误输出。

⑤ 位置:文件夹下的".\LabviewSubVI\ OFDM_RxFFT.vi"。

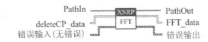

图 10.28　FFT 模块

14) 并串转换模块(图 10.29)。

① 名称:OFDM_RxParalleToSeri.vi。

② 功能:将并行数据转换为串行数据。

③ 输入参数:Matlab 代码路径;进行 FFT 后的并行数据;错误输入。

④ 输出参数:Matlab 代码路径;串行数据;错误输出。

⑤ 位置:文件夹下的".\LabviewSubVI\ OFDM_RxParalleToSeri.vi"。

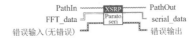

图 10.29　并串转换模块

15) 纠正相位偏模块(图 10.30)。

① 名称:OFDM_RxPhaseCorrect.vi。

② 功能:将并行数据转换为串行数据。

③ 输入参数:用于纠正相位偏移的同步码;Matlab 代码路径;串行数据;同步码;错误输入。

④ 输出参数:Matlab 代码路径;纠正相位偏移后的数据;错误输出。

⑤ 位置:文件夹下的".\LabviewSubVI\ OFDM_ RxPhaseCorrect.vi"。

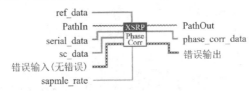

图 10.30　纠正相位偏模块

16) 解调模块(图 10.31)。

① 名称:OFDM_RxDemod.vi。

② 功能:对数据进行解调。

③ 输入参数:Matlab 代码路径;纠正相位偏移后的数据;解调类型;错误输入。

④ 输出参数:Matlab 代码路径;解调后数据;错误输出。

⑤ 位置:文件夹下的".\LabviewSubVI\ OFDM_RxDemod.vi"。

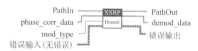

图 10.31 解调模块

17) 信道纠错模块(图 10.32)。

① 名称:OFDM_RxTrchDecoder.vi。

② 功能:对数据进行纠错。

③ 输入参数:Matlab 代码路径;纠解调后的数据;信道编码类型;错误输入。

④ 输出参数:Matlab 代码路径;纠错后的数据;错误输出。

⑤ 位置:文件夹下的".\LabviewSubVI\ OFDM_RxTrchDecoder.vi"。

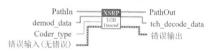

图 10.32 信道纠错模块

(2) 学生任务

OFDM 调制中学生需要完成的任务:① 对信号进行 IFFT 得到 OFDM 信号;② 给信号添加循环前缀,以及对接收到的信号进行 FFT 得到各已调信号;③ 对信道进行 1/2 卷积编码。这 3 个任务可分别由 3 名学生完成。

① 学生任务 1。IFFT 函数"OFDM_TxIFFT.m",其路径位置为".\MatlabCode\FDM_TxIFFT.m",如图 10.33 所示。

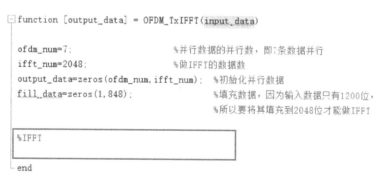

图 10.33 OFDM_TxIFFT.m 所在位置

学生须将输入数据扩充到 2048 位再对其进行 IFFT。注意:输入的是 7 条数据并行,但每次只对其中 1 条数据进行 IFFT,当 7 条数据都进行 IFFT 后再输出。

②学生任务 2。添加循环前缀"OFDM_TxAddCP.m",其路径位置为". \MatlabCode \ OFDM_TxAddCP.m",如图 10.34 所示。

```
function [output_data] = OFDM_TxAddCP (input_data)

y=input_data;
cp=zeros(7,144);     %存放循环前缀数据
%得到并添加循环前缀

end
```

图 10.34   OFDM_TxAddCP.m 所在位置

学生须输入并行数据。

FFT 函数"OFDM_RxFFT.m",其路径位置为". \MatlabCode \ OFDM_RxFFT.m",如图 10.35 所示。

```
function [output_data] = OFDM_RxFFT(input_data)
ofdm_num=7;
fft_num=2048;
output_data=zeros(ofdm_num,fft_num);%取1时隙的数据

%FFT

end
```

图 10.35   OFDM_RxFFT.m 所在位置

学生须对接收的数据进行 FFT,需注意的是,接收到的是 7 条并行数据,即一个 7 行 2048 列的数据,然后分别对每一行数据进行 FFT。

③学生任务 3。信道编码函数"OFDM_TxTrchCoder.m",其路径位置为". \MatlabCode \ OFDM_TxTrchCoder.m",如图 10.36 所示。

```
function [out_data] = OFDM_TxTrchCoder(input_data, coder_type)
input_num=length(input_data);
%% 功能实现
switch coder_type
    case 0
        out_data = zeros(1, input_num);      %#ok
        out_data = input_data;
    % 1/2卷积
    case 1
        %生成多项式[561, 753]

    % 1/3卷积
    case 2
        %生成多项式[557, 663, 711]

    case 3
        fprintf('error:函数mfTxTrchCoder的参数coder_type=3暂不支持\n');
    otherwise
        fprintf('error:函数mfTxTrchCoder的参数coder_type输入错误\n');
end

end
```

图 10.36   OFDM_TxTrchCoder.m 所在位置

学生须完成生成多项式为 $[561,753]$ 的 $1/2$ 卷积码和生成多项式为 $[557,663,711]$ 的 $1/3$ 卷积码。

10.3　资源配置

1. 硬件资源

（1）XSRP 软件无线电平台及其相关连接线。

（2）计算机（操作系统：Windows 7 及其以上；以太网网卡：千兆）。

2. 软件资源

（1）LabVIEW 2015。

（2）Matlab 2012b。

（3）XSRP 软件无线电平台无线收发软件与测试软件（需要配合 XSRP 软件无线电平台硬件才能使用）。

10.4　工作安排

本项目设计的工作安排如表 10.4 所示。

表 10.4　工作安排说明

阶段	子阶段	主要任务
阶段 1	理解任务，掌握原理，了解框架	通过阅读提供的资料和网上查找的资料，深入理解设计任务，掌握其设计原理，了解其设计框架，明确自己要做的工作。
阶段 2	安装软件，领取设备，验证功能	（1）安装"所需资源"中"软件资源"对应的软件。 （2）领取或找到项目设计需要用到的 XSRP 软件无线电平台及其各种配件，掌握硬件平台的基本使用方法。 （3）按照本项目设计指南介绍的方法，运行提供的案例程序，测试该项目最终的实现效果（相当于先看到了实现的效果，再倒过来完成实现的过程。案例中实现的过程 Matlab 代码已加密，学生看不见程序代码，而这正是该项目需要学生完成的）。
阶段 3	补充所缺的知识	[1] 陈杰. MATLAB 宝典[M].4 版.北京：电子工业出版社，2013. [2] 陈树学，刘萱. LabVIEW 宝典[M].北京：电子工业出版社，2017.
阶段 4	读懂案例的框架，编写核心部分程序	（1）读懂程序。 （2）在 Matlab 下删掉要求完成的函数文件（.p 文件），自己完成函数功能的实现。
阶段 5	软硬件联调	将编写好的 Matlab 程序保存，打开 LabVIEW 主程序与 XSRP 软件无线电平台硬件进行联调，测试其功能，并优化效果。
阶段 6	编写项目设计报告	按照任务书中的相关要求，认真编写项目设计报告，完成后打印并提交。

基于软件无线电平台的数字语音基带传输系统设计

11.1　任务书

本项目设计的任务书说明如表 10.1 所示。

表 11.1　任务书说明

任务书组成	说明
设计题目	基于软件无线电平台的数字语音基带传输系统设计
设计目的	（1）巩固通信原理的基础理论知识,并将理论知识应用到实践中。 （2）通过软硬件结合的方式,构建简单通信系统并测试该系统。 （3）掌握通过 LabVIEW 软件和 XSRP 软件无线电平台实现通信系统的方法。
设计内容	（1）将两个 WAV 文件内容进行时分复用、PCM 编码、HDB3 编码,再由计算机发送到 XSRP 软件无线电平台,无线电平台将信号由 GPIO 口通过有线连接输送到平台的另一个 GPIO 口,再将该 I/O 接收信号通过无线电平台发送回计算机,在计算机上将平台发送回来的信号进行解码和解时分复用得到原数据并将原数据写入指定文件夹内。 （2）需要掌握 LabVIEW 基本编程方法,在 LabVIEW 下编写程序。本项目设计提供了案例程序,打开并运行该程序,可以提前了解项目要求实现的效果。 （3）案例中实现的核心过程已被封装,学生看不见程序代码,需要自己编写。需要编写的部分也已经提供了全部子模块程序（子 VI）,学生先读懂不需要修改的程序,然后把这些提供的子模块程序按正确的方式串接起来,再进行软硬件联调（需要掌握 XSRP 软件无线电平台的使用方法）。
设计要求	1. 功能要求 （1）基于 XSRP 软件无线电平台,设计一个 PCM 编码解码系统,要求通过计算机给无线电平台发送编码后的语音数据,无线电平台将接收到的语音数据解码后存储到指定文件夹中。 （2）编写 LabVIEW 程序,要求前面板显示发送和接收的波形,并能显示系统工作状态。 （3）与 XSRP 软件无线电平台联调,要求解码后的数据和原数据基本一致。 2. 指标要求 （1）语音采样率:由语音文件本身决定。 （2）接收帧数:观察系统状态参数。

任务书组成	说明	
设计报告	1. 项目设计报告格式 　　按照学校要求的统一格式,提交一份纸质版的项目设计报告。设计报告正文的字体要求:大标题采用小三号宋体,小标题采用四号宋体,内容采用小四号宋体;行间距为 1.5 倍;设计报告从正文开始编页码;左侧装订;设计报告不少于 25 页。 2. 项目设计报告内容 　　(1) 封面; 　　(2) 设计任务书; 　　(3) 考核表; 　　(4) 摘要、关键词; 　　(5) 目录; 　　(6) 正文(包括需求分析、总体设计、详细设计、系统调试、设计结果、设计总结等部分); 　　(7) 参考文献; 　　(8) 附录(包括原理图、流程图、程序等)。	
时间安排	起止时间	工作内容
	第一天	通过阅读提供的资料和网上查找的资料,深入理解设计任务,掌握其设计原理,了解其设计框架,明确自己要做的工作。
	第二天	(1) 安装"所需资源"中"软件资源"对应的软件。 (2) 领取或找到项目设计需要用到的 XSRP 软件无线电平台及其各种配件,掌握硬件平台的基本使用方法。 (3) 按照项目设计指南介绍的方法,运行提供的案例程序,测试该项目最终的实现效果。
	第三天	分析设计项目,根据设计指南明确自己所缺的软硬件知识并作针对性补充。
	第四至第七天	读懂案例程序的框架,按设计指南的要求编写核心部分程序并进行测试。
	第八天	与 XSRP 软件无线电平台硬件联调,测试其功能,并优化指标。
	第九天	编写设计报告。
	第十天	修改设计报告,打印设计报告并提交。
参考资料	[1] 樊昌信,曹丽娜. 通信原理[M]. 7 版.北京:国防工业出版社,2021. [2] 陈杰. MATLAB 宝典[M].4 版.北京:电子工业出版社,2013. [3] 陈树学,刘萱. LabVIEW 宝典[M].北京:电子工业出版社,2017.	
主要设备	(1) XSRP 软件无线电平台 1 台(包含其全部配件)。 (2) 计算机 1 台(装有 Matlab 2012b、LabVIEW 2015、QuartusII 11.0 等软件)。	

11.2　设计指南

11.2.1　设计任务解读

1. 信号处理

计算机对语音数据进行时分复用、PCM 编码、HDB3 编码,再将编码后的数据发送到无线电平台,无线电平台将数据从一个 GPIO 口输出再从另一个 GPIO 口输入,最后由无线电平台将数据返回,对返回的数据解码解时分复用后再存储到文件中。

2. 编程

本项目设计需要学生掌握 LabVIEW 的基本编程方法,在 LabVIEW 下编写程序,对语音数据进行编码解码。

3. 设计难度分级

本设计共有三级难度(表 11.2),学生可以根据自己的实际情况选择。

表 11.2　设计难度分级

难度级数	任务内容	说明
三级	(1) 效果验证。提供了案例程序,打开并运行该程序,可以提前了解项目要求实现的效果。 (2) 编写核心代码。案例中实现的核心过程被封装,学生看不见程序代码,需要自己编写。 (3) 完成编程任务并仿真。需要学生编写程序的部分已经提供了全部子模块程序(子 VI),学生先读懂不需要修改的程序,然后把这些提供的子模块程序按正确的方式串接起来,再进行软硬件联调,要求得到和验证方式一样的效果。	本项目设计按此难度级数介绍相关内容
二级	(1) 效果验证。提供了案例程序,打开并运行该程序,可以提前了解项目要求实现的效果。 (2) 编写核心代码。案例中实现的核心过程被封装,学生看不见程序代码,需要自己编写。 (3) 完成编程任务并仿真。需要学生编写核心过程的程序,而这些程序是不提供任何子模块程序或参考设计的,要求得到和验证方式一样的效果。	
一级	只提供项目设计要求、设备使用方法、设备调用接口,不提供任何子模块程序,全部程序的编写和软硬件联调由自己完成。	

4. 软件无线电平台使用

本项目设计中学生需要掌握 XSRP 软件无线电平台调用其射频部分、基带部分等的基本使用方法(通过"XSRP 软件无线电平台无线收发软件与测试软件"验证其主要功能)。

11.2.2　设计原理

1. 实现原理

(1) 抽样信号的量化原理

模拟信号经抽样后变成在时间离散的信号,但仍然是模拟信号,必须经过量化才成为数字信号。模拟信号的量化分为均匀量化和非均匀量化两种。

均匀量化的量化间隔保持不变。非均匀量化是根据信号的不同区间来确定量化间隔的。对于信号取值小的区间,其量化间隔 Δv 也小;反之,量化间隔就大。非均匀量化与均匀量化相比,有两个突出的优点:① 当输入量化器的信号具有非均匀分布的概率密度(实际中往往是这样)时,非均匀量化器的输出端可以得到较高的平均信号量化噪声功率比;

② 非均匀量化时,量化噪声功率的均方根值基本上与信号抽样值成比例,因此量化噪声对大、小信号的影响大致相同,即改善了小信号时的信噪比。

非均匀量化的实际过程通常是先将抽样值压缩再进行均匀量化。现在广泛采用的压缩律有两种,美国采用 μ 压缩律,我国和欧洲各国均采用 A 压缩律。

A 律的压扩特性曲线是连续曲线,实际中往往都采用近似于 A 律函数规律的 13 折线($A=87.6$)的压扩特性曲线。这样,它基本保持连续压扩特性曲线的优点,又便于用数字电路来实现,如图 11.1 所示。

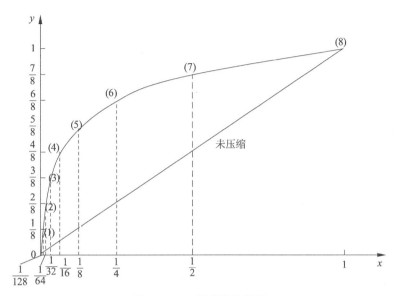

图 11.1   13 折线特性曲线

表 11.3 给出了根据 13 折线法得到的 x 值与计算得到的 x 值的比较。

表 11.3   A 律和 13 折线比较

y	0	$\frac{1}{8}$	$\frac{2}{8}$	$\frac{3}{8}$	$\frac{4}{8}$	$\frac{5}{8}$	$\frac{6}{8}$	$\frac{7}{8}$	1
x	0	$\frac{1}{128}$	$\frac{1}{60.6}$	$\frac{1}{30.6}$	$\frac{1}{15.4}$	$\frac{1}{7.79}$	$\frac{1}{3.93}$	$\frac{1}{1.98}$	1
按折线分段的 x	0	$\frac{1}{128}$	$\frac{1}{64}$	$\frac{1}{32}$	$\frac{1}{16}$	$\frac{1}{8}$	$\frac{1}{4}$	$\frac{1}{2}$	1
段落	1	2		3	4	5	6	7	8
斜率	16	16		8	4	2	1	$\frac{1}{2}$	$\frac{1}{4}$

表 11.3 中,第二行的 x 值是根据 $A=87.6$ 计算得到的,第三行的 x 值是 13 折线分段时的值。可见,13 折线各段落的分界点与 $A=87.6$ 曲线十分逼近,同时 x 按 2 的幂次分割有利于数字化。根据表 11.3 中第三行可以看出 x 正半轴第一段和第二段折线的斜率相同,x 负半轴与其关于原点对称,则正、负半轴共 16 段折线的中间 4 段折线的斜率相同,即

中间 4 段折线可以看成 1 段折线,因此是 13 段折线。

μ 压缩律使用的典型值为 $\mu = 255$。采用 15 折线法逼近 $\mu = 255$ 对数压缩特性的原理与 13 折线法相似,也是把 x 轴非均匀分成 8 段,y 轴均匀分成 8 段。正、负电压的第一段折线因斜率相同而连成一条直线,因而 16 段折线从形式上变成 15 段折线。

(2)脉冲编码调制的基本原理

通常将模拟信号抽样、量化和编码成为二进制符号的基本过程,称为脉冲编码调制(Pulse Code Modulation,PCM)。

在 13 折线法中,无论输入信号是正是负,均用 8 位折叠二进制码表示输入信号的抽样量化值。其中,第一位表示量化值的极性,其余七位(第二位至第八位)表示抽样量化值的绝对大小。具体做法:用第二至第四位表示段落码,它的 8 种可能状态分别代表 8 个段落的起点电平;其他四位表示段内码,它的 16 种可能状态分别代表每一段落的 16 个均匀划分的量化级。这样处理的结果,使 8 个段落被划分成 128 个量化级。段落码和 8 个段落之间的关系,以及段内码与 16 个量化级之间的关系,如表 11.4 所示。上述编码方法是把压缩、量化和编码合为一体的方法。

表 11.4 段落码与段落、段内码与量化级的关系

段落序号	段落码	量化级	段内码
8	111	15	1111
		14	1110
7	110	13	1101
		12	1100
6	101	11	1011
		10	1010
5	100	9	1001
		8	1000
4	011	7	0111
		6	0110
3	010	5	0101
		4	0100
2	001	3	0011
		2	0010
1	000	1	0001
		0	0000

为了确定样值的幅度所在的段落和量化级,必须知道每个段落的起始电平和各段内

的量化间隔。在 A 律 13 折线法中,由于各段的长度不同,因而各段内的量化间隔也不相同,第一段、第二段最短,只有归一化值的 1/128,再将它等分成 16 份,则每个量化间隔为

$$\Delta = \frac{1}{128} \times \frac{1}{16} = \frac{1}{2048}$$

式中:Δ 表示最小的量化间隔,称为一个量化单位,它仅有输入信号归一化值的 1/2048。

第八段最长,它的每个量化间隔为

$$\frac{1}{2} \times \frac{1}{16} = \frac{1}{32} = 64\Delta$$

即第八段的量化间隔包含 64 个最小量化间隔。各段的起始电平和各段内的量化间隔如表 11.5 所示。

表 11.5　段落起始电平和段内量化间隔

段落序号 $I=18$	段落码	段落范围 (量化单位)	段落起始电平 (量化单位)	段内量化间隔 (量化单位)
8	111	1024	1024	64
7	110	512	512	32
6	101	256	256	16
5	100	128	128	8
4	011	64	64	4
3	010	32	32	2
2	001	16	16	1
1	000	0	0	1

2. 功能验证

Step1:连接杜邦线,如图 11.2 所示。

图 11.2　杜邦线连接图示

Step2：打开"语音 PCM 时分复用数字基带通信系统"实验对应的程序源码，找到"Baseband transmission system.vi"文件并打开，如图 11.3 所示。

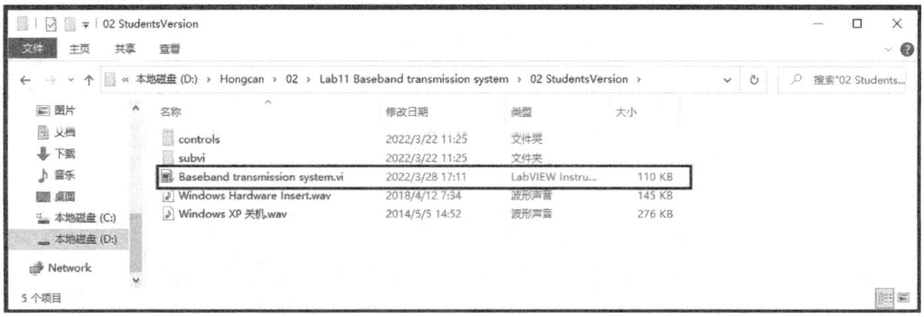

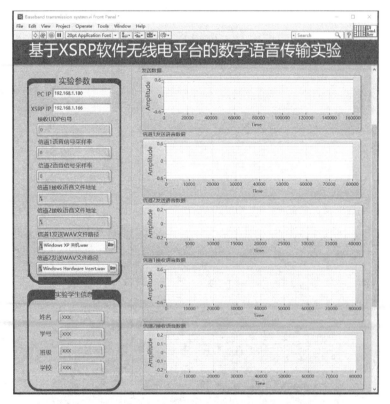

图 11.3　Baseband transmission system.vi 文件所在位置

注意：所有的程序代码都要保存在非中文路径下。

Step3：打开"Baseband transmission system.vi"文件后弹出的界面如图 11.4 所示，把计算机和 XSRP 的 IP 地址改成对应的 IP 地址。

图 11.4　打开 Baseband transmission system.vi 文件的界面

Step4：选择读取 WAV 文件的路径，如图 11.5 所示。

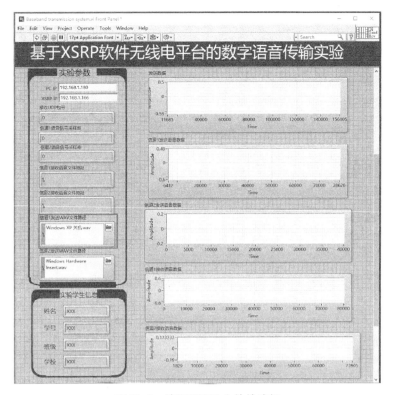

图 11.5　读取 WAV 文件的路径

Step5：找到程序目录下的"Windows XP 关机.wav"文件，如图 11.6 所示。

图 11.6　Windows XP 关机.wav 文件所在位置

Step6：选择读取 WAV 文件的路径 2，如图 11.7 所示。

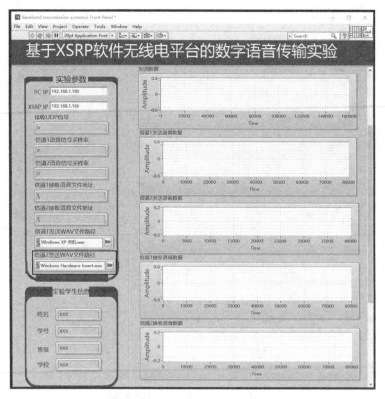

图 11.7   读取 WAV 文件的路径 2

Step7:找到程序目录下的"Windows Hardware Insert.wav"文件,如图 11.8 所示。

图 11.8   Windows Hardware Insert.wav 文件位置

Step8:单击"运行"按钮 ⬧,程序运行后等待一段时间就能看到接收到的数据波形,信道发射的运行结果和信道接收的运行结果分别如图 11.9 和图 11.10 所示。

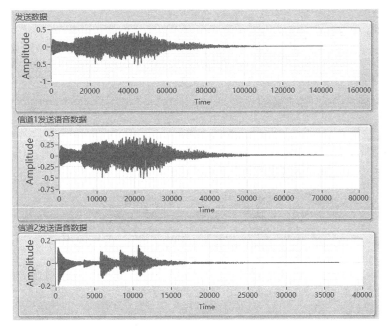

图 11.9　信道发送的运行结果

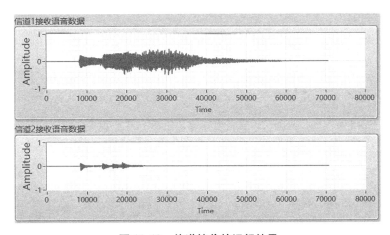

图 11.10　信道接收的运行结果

3. 程序解读

图 11.11 表明,由计算机产生的模拟语音信源,经信道编码后生成 PCM 数字语音信号,再经过线路编码模块(这里采用的是 HDB3 编码模块)组成帧信号,经过并串转换后,先由 XSRP 的 GPIO 口输出,再由另一个 GPIO 口输入,再经过线路译码电路,最后经过信源译码,还原成模拟语音信号。

图 11.11　PCM 编码译码系统框图

(1) 读取音频数据模块(图 11.12)

① 名称:OPT_ReadWavFile.vi。

② 功能:读取 WAV 文件数据。

③ 输入参数:

path:要读取的 WAV 文件路径。

④ 输出参数:

File Data:读取到的数据。

采样率:WAV 音频数据的采样率。

⑤ 位置:文件夹"digital sound transmit\subvi"。

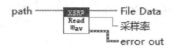

图 11.12　读取音频数据模块

(2) 打开 UDP 通信通道模块(图 11.13)

① 名称:UDP Open.vi。

② 功能:打开 UDP 通信通道。

③ 输入参数:

net address:目标 IP 地址。

port:通信端口号。

service name:给通信端口设置一个名称。

Timeout ms(25000):等待超时时间。

④ 输出参数:

connection ID:UDP 引用。

port:通信端口号。

⑤ 位置:系统自带 VI。

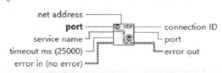

图 11.13　打开 UDP 通信通道模块

(3)UDP 发送数据模块(图 11.14)

① 名称:UDP Write.vi。

② 功能:通过 UDP 发送数据。

③ 输入参数:

port or service name:通信端口号或端口号名称。

address:目标 IP 地址。

connection ID：UDP 引用。

data in：要发送的数据。

timeout ms（25000）：等待超时时间。

④ 输出参数：connection ID out：UDP 引用。

⑤ 位置：系统自带 VI。

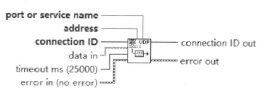

图 11.14　UDP 发送数据模块

（4）接收 UDP 数据模块（图 11.15）

① 名称：UDP Read.vi。

② 功能：接收 UDP 数据。

③ 输入参数：

connection ID：UDP 引用。

max size：UDP 单次接收数据的最大字节数。

timeout ms（25000）：等待超时时间。

④ 输出参数：

connection ID out：UDP 引用。

data out：接收到的数据。

port：通信端口号。

address：发送端 IP 地址。

⑤ 位置：系统自带 VI。

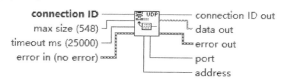

图 11.15　接收 UDP 数据模块

（5）关闭 UDP 通信通道模块（图 11.16）

① 名称：UDP Close.vi。

② 功能：关闭 UDP 通信通道。

③ 输入参数：

connection ID：UDP 引用。

④ 输出参数：

connection ID out：UDP 引用。

⑤ 位置:系统自带 vi。

图 11.16 关闭 UDP 通信通道模块

(6) 合并字符串模块(图 11.17)

① 名称:Concatenate Strings.vi。

② 功能:合并字符串。

③ 输入参数:

string 0-string n-1:要合并的字符串。

④ 输出参数:

concatenate string:合并后的字符串。

⑤ 位置:系统自带 VI。

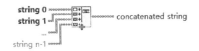

图 11.17 合并字符串模块

(7) 保存 WAV 文件模块(图 11.18)

① 名称:OPT_WavWaveSaveFile.vi。

② 功能:保存还原的语音文件数据。

③ 输入参数:

wave Data:还原的数据波形。

sound format:保存语音的采样率、声道等参数。

④ 输出参数:

写入语音的 WAV 文件地址:保存语音数据的地址。

⑤ 位置:文件夹"digital sound transmit\subvi"。

图 11.18 保存 WAV 文件模块

(8) 数据分帧模块(图 11.19)

① 名称:Data_Frame.vi。

② 功能:对要发送的数据分帧,使其不超过 UDP 单次接收的长度。

③ 输入参数:

编码后数据:已编码数据。

④ 输出参数:

data_frame:分帧后数据数组。

⑤ 位置:文件夹"digital sound transmit\subvi"下。

图 11.19　数据分帧模块

（9）HDB3 编码模块（图 11.20）

① 名称：HDB3_encode.vi。

② 功能：对数据进行 HDB3 编码。

③ 输入参数：

PCM：PCM 编码后的数据。

④ 输出参数：

output：编码后的数据。

⑤ 位置：文件夹"digital sound transmit\subvi"。

图 11.20　HDB3 编码模块

（10）HDB3 解码模块（图 11.21）

① 名称：HDB3_decode.vi。

② 功能：对 HDB3 编码的数据解码。

③ 输入参数：

REV_DATA：要解码的数据。

④ 输出参数：

DecodeStr：解码后的数据。

⑤ 位置：文件夹"digital sound transmit\subvi"。

REV_DATA 〜〜〜〜 XSRP HDB3 Encode 〜〜〜 DecodeStr

图 11.21　HDB3 解码模块

（11）时分复用模块（图 11.22）

① 名称：TDM.vi。

② 功能：对数据进行时分复用。

③ 输入参数：

Data1：进行时分复用的数据之一。

Data2：进行时分复用的数据之一。

④ 输出参数：

Data3：时分复用的数据。

⑤ 位置：文件夹"digital sound transmit\subvi"。

图 11.22　时分复用模块

4. 程序设计

程序设计中 PCM 的编码解码是需要学生完成的,根据前面介绍的编码原理自行编写,HDB3 编码部分的程序也需学生编写,可由 3 人分别编写一部分完成整改实验。PCM 编码解码的程序模块如图 11.23 所示。

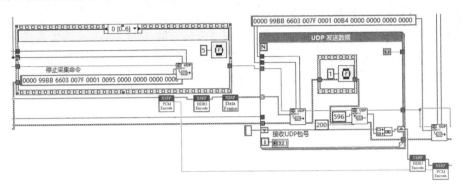

图 11.23　PCM 编码解码程序模块

双击图 11.24 中的 HDB3 码子 VI,按下组合键【Ctrl】+【E】切换到如图 11.25 所示的 HDB3 编码。

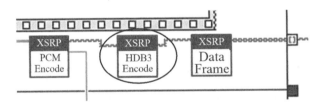

图 11.24　HDB3 码子 VI

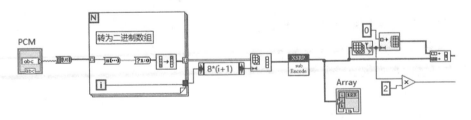

图 11.25　HDB3 编码程序

图 11.14 中的 VI 就是需要学生编写的 HDB3 编码程序。

PCM 编解码模块需要用到下列 VI:

(1) PCM 编码

1) 区间模块(图 11.26)。

① 名称:In Range and Corce.vi。

② 功能:判断某个值是否在某个区间。

③ 输入参数:

upper limit:区间上限。

x:要判断的值。

lower limit:区间下限。

④ 输出参数:

coerced(x):输入的 x 值,若 x 大于上限,则为上限值,若未下限,则为下限值。

In Range?:判断是否在区间内标志位。

⑤ 位置:系统自带 VI。

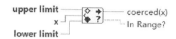

图 11.26　区间模块

2) 布尔数组模块(图 11.27)。

① 名称:Number To Boolean Array.vi。

② 功能:将一个数转换为布尔型数组。

③ 输入参数:

number:要转换的数。

④ 输出参数:

Boolean array:布尔型数组。

⑤ 位置:系统自带 VI。

图 11.27　布尔数组模块

3) 逆 1D 数组模块(图 11.28)。

① 名称:Reverse 1D Array.vi。

② 功能:将数组翻转。

③ 输入参数:

array:要翻转的数据。

④ 输出参数:

reversed array:翻转后的数据。

⑤ 位置:系统自带 VI。

array ⎯⎯⎯ reversed array

图 11.28　逆 1D 数组模块

4) 子数组模块(图 11.29)。

① 名称:Array Subset.vi。

② 功能:获取一个数据的子数组。

③ 输入参数:

n-dimension array:子数组的父数组。

index0(0):子数组的起始位置。

length0(rest):子数组的长度。

其他:其他维度数组的起始位置和长度(父数组可能是多维数组)。

④ 输出参数:

subarray:子数组。

⑤ 位置:系统自带 VI。

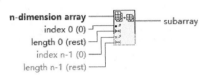

图 11.29　子数组模块

5)创建数组模块(图 11.30)。

① 名称:Build Array.vi。

② 功能:创建一个数组或在已有数组后添加元素。

③ 输入参数:

array:要创建或要添加元素的数组。

element:数组后要添加的元素。

④ 输出参数:

appended array:添加元素后的数组。

⑤ 位置:系统自带 VI。

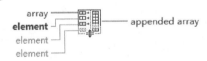

图 11.30　创建数组模块

(2)PCM 解码

数组索引模块如图 11.31 所示。

① 名称:Index Array.vi。

② 功能:获取数组中指定索引的数据。

③ 输入参数:

index 0:索引。

index n-1:其余索引。

④ 输出参数:

1:相应索引的值。

⑤ 位置:系统自带 VI。

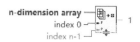

图 11.31　数组索引模块

（3）HDB3 编码

1）替换数组模块(图 11.32)。

① 名称:Replace Array Subset.vi。

② 功能:替换数组中某一值。

③ 输入参数:

n-dimension array:要替换值的数组。

index 0:替换值在数组中的索引。

new element/subarray:替换为该值。

④ 输出参数:替换过值后的数组。

⑤ 位置:系统自带 VI。

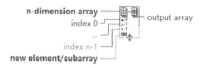

图 11.32　替换数组模块

2）移位寄存器(图 11.33).

① 名称:Shift Register.vi。

② 功能:保存本次循环的值,传给下次循环(类似于 C 语言中的 static 类型)。

③ 输入参数:初始值。

④ 输出参数:循环结束后的最终值。

⑤ 位置:只在循环结构体中才能使用。

图 11.33　移位寄存器

11.3　资源配置

1. 硬件资源

（1）XSRP 软件无线电平台及其相关连接线。

（2）计算机(操作系统:Windows 7 及其以上;以太网网卡:千兆;必须有声卡)。

2. 软件资源

(1) LabVIEW 2015。

(2) XSRP 软件无线电平台无线收发软件与测试软件(需要配合 XSRP 软件无线电平台硬件才能使用)。

11.4　工作安排

本项目设计的工作安排说明如表 11.6 所示。

表 11.6　工作安排说明

阶段	子阶段细分	主要任务
阶段 1	理解任务,掌握原理,了解框架	通过阅读提供的资料和网上查找的资料,深入理解设计任务,掌握其设计原理,了解其设计框架,明确自己要做的工作。
阶段 2	安装软件,领取设备,验证功能	(1) 安装"所需资源"中"软件资源"对应的软件。 (2) 领取或找到项目设计需要用到的 XSRP 软件无线电平台及其各种配件,掌握硬件平台的基本使用方法。 (3) 按照本设计指南介绍的方法,运行提供的案例程序,测试该项目最终的实现效果(相当于先看到了实现的效果,再倒过来完成实现的过程。案例中实现的过程已被封装,学生看不见程序代码,而这正是该项目需要学生完成的)。
阶段 3	补充所缺的知识	[1] 樊昌信,曹丽娜. 通信原理[M].7 版.北京:国防工业出版社,2021. [2] 陈杰. MATLAB 宝典[M].4 版.北京:电子工业出版社,2013. [3] 陈树学,刘萱. LabVIEW 宝典[M].北京:电子工业出版社,2017.
阶段 4	读懂案例的框架,编写核心部分程序	(1) 在 LabVIEW 下打开案例程序,删掉已经被封装而无法看到内部程序的子 VI。 (2) 编写新的程序(一个或多个),与已经提供的程序对接,然后测试其功能。
阶段 5	软硬件联调	将编写好的各核心模块程序构成系统程序,并与 XSRP 软件无线电平台硬件进行联调,测试其功能,并优化效果。
阶段 6	编写项目设计报告	按照任务书中的相关要求,认真编写项目设计报告,完成后打印并提交。

项目 **12**

基于软件无线电平台的 TD-LTE
物理层链路协议实现

12.1 任务书

本项目设计的任务书说明如表 12.1 所示。

表 12.1 任务书说明

任务书组成	说明
设计题目	基于软件无线电平台的 TD-LTE 物理层通信链路协议实现
设计目的	（1）了解通信领域的前沿技术。 （2）培养学生模块化+系统化的思想以及搭建通信系统的能力。 （3）掌握 LTE 物理层的实现原理及实现方法。
设计内容	（1）TD-LTE 物理层通信链路包括根据调制方式及 TBsize 配置产生随机信源、添加 CRC、码块分割、Turbo 编码、速率匹配、码块级联、交织、加扰、调制、生成导频 0 数据、生成导频 1 数据、资源映射、产生频域数据、产生时域数据，产生的 I/Q 数据通过以太网发送到 XSRP 软件无线电平台，在软件无线电平台中完成 I/Q 数据的 D/A 转换、上变频载波调制，射频在指定频点将信号通过天线发射出去。无线信号经过空中无线信道，再通过射频的接收天线在对应的频点将数据接收、下变频、低通滤波、A/D 转换，得到 I/Q 信号。接收的信号通过以太网发送到计算机，在计算机上进行时域数据变换成频域数据、解资源映射、导频 0 数据生成、导频 1 数据生成、信道估计、均衡、解调、解扰、解交织、解码块级联、解速率匹配、解 Turbo 编码、码块信息汇聚、解 CRC。以上模块的处理都是 CEFPMaltab 实现的，其中有 3 组模块的代码需要学生自己完成。 （2）3 组模块分别是 CRC 添加和码块分割、Turbo 编码、生成导频。每组模块都提供函数接口和流程图。 （3）理解并掌握 3 组模块的算法实现。 （4）单独调试 3 组模块的小工程，保证算法的正确。 （5）与其他已经提供的功能模块合到一起，搭建完整的通信系统。 （6）用 XSRP 软件无线电平台对系统进行软硬件联调，优化系统。

任务书组成	说明		
设计要求	1. 功能要求 　　根据已经提供的功能模块和编写的模块,搭建完整通信系统。 2. 指标要求 　　(1) 发射频率:2380 MHz,频率可以设置。 　　(2) 发送衰减:可设置,44 dB。 　　(3) 接收频率:2380MHz,频率可以设置。 　　(4) 接收增益:可设置,12 dB。 　　(5) 调制方式:QPSK、16QAM、64QAM,可设置。		
设计报告	1. 项目设计报告格式 　　按照学校要求的统一格式,提交一份纸质版的项目设计报告。设计报告正文的字体要求:大标题采用小三号宋体,小标题采用四号宋体,内容采用小四号宋体;行间距为 1.5 倍;设计报告从正文开始编页码;左侧装订;设计报告不少于 25 页。 2. 项目设计报告内容 　　(1) 封面; 　　(2) 项目设计任务书; 　　(3) 考核表; 　　(4) 摘要、关键词; 　　(5) 目录; 　　(6) 正文(包括需求分析、总体设计、详细设计、系统调试、设计结果、设计总结等部分); 　　(7) 参考文献; 　　(8) 附录(包括原理图、流程图、程序等)。		
时间安排	起止时间	工作内容	
	第一天	通过阅读提供的资料和网上查找的资料,深入理解设计任务,掌握其设计原理,了解其设计框架,明确自己要做的工作。	
	第二天	学习提供的例程及功能模块。	
	第三至第四天	利用功能模块搭建通信系统并进行调试。	
	第五天	与 XSRP 软件无线电平台硬件联调,测试其功能,并优化指标。	
	第六天	编写设计报告,打印设计报告并提交。	
参考资料	[1] 张瑾,周原.基于 MATLAB/Simulink 的通信系统建模与仿真[M].2 版.北京:北京航空航天大学出版社,2017. 　[2] 陈树学,刘萱. LabVIEW 宝典[M].北京:电子工业出版社,2017.		
主要设备	(1) XSRP 软件无线电平台 1 台(包含其全部配件)。 　(2) 计算机 1 台(装有 Matlab 2012b、LabVIEW 2015)。		

12.2　设计指南

12.2.1　设计任务解读

TD-LTE 物理层链路工作示意图如图 12.1 所示。

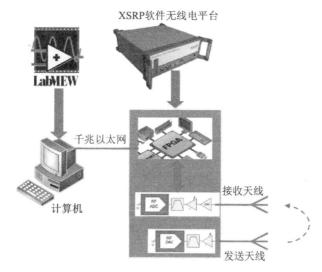

XSRP软件无线电平台

千兆以太网

计算机

接收天线

发送天线

图 12.1　TD-LTE 物理层链路工作示意图

1. 整体流程

① 了解 LTE 物理层链路的整体流程,包括产生随机信源、添加 CRC、码块分割、Turbo 编码、速率匹配、码块级联、交织、加扰、调制、生成导频 0 数据、生成导频 1 数据、资源映射、产生频域数据、产生时域数据,产生的 I/Q 数据通过以太网发送到 XSRP 软件无线电平台,在软件无线电平台中完成 I/Q 数据的 D/A 转换、上变频载波调制,射频在指定频点将信号通过天线发射出去。无线信号经过空中无线信道,再通过射频的接收天线在对应的频点将数据接收、下变频、低通滤波、A/D 转换,得到 I/Q 信号。接收的信号通过以太网发送到计算机,在计算机上进行时域数据变换成频域数据、解资源映射、导频 0 数据生成、导频 1 数据生成、信道估计、均衡、解调、解扰、解交织、解码块级联、解速率匹配、解 Turbo 编码、码块信息汇聚、解 CRC。

② 运行整体流程代码,知道正确的结果应该是什么样的(误码率为 0)。

③ 根据 3GPP 36.211、3GPP 36.212 协议理解 3 组模块的算法原理。

④ 根据提供的模块的函数接口和流程图,在 Matlab 上实现模块的功能。

⑤ 利用提供的 3 组模块的小工程,调试算法模块的正确性。

⑥ 利用提供的其他模块的代码和编写的代码,搭建完整的 LTE 通信系统,验证其功能,接收的数据 CRC 正确,误码率为 0。

2. 设计难度分级

本设计共有三级难度(表 12.2),学生可以根据自己的实际情况选择。

表 12.2　设计难度分级

难度级数	任务内容	说明
三级	（1）效果验证。提供了案例程序,打开并运行该程序,可以提前了解项目要求实现的效果。 （2）编写核心代码。根据实验要求搭建完整的 LTE 物理层链路通信系统,并仿真验证。	
二级	（1）效果验证。提供了案例程序,打开并运行该程序,可以提前了解项目要求实现的效果。 （2）编写核心代码。案例中核心代码(CRC 添加和码块分割、Turbo 编码、生成导频)需要学生完成,并构成完整系统。 （3）仿真。仿真无误后,进行软硬件联调。	
一级	只提供项目设计的要求、设备使用方法、设备调用接口,不提供任何子模块程序,全部程序的编号和软硬件联调由学生自己完成。	

12.2.2　设计原理

1. LTE 整体链路原理框图

LTE 物理层链路整体流程框图如图 12.2 所示。

(a) 编码　　　　　　　　　　　(b) 解码

图 12.2　LTE 物理层链路整体流程框图

软硬件总体原理框图如图 12.3 所示。

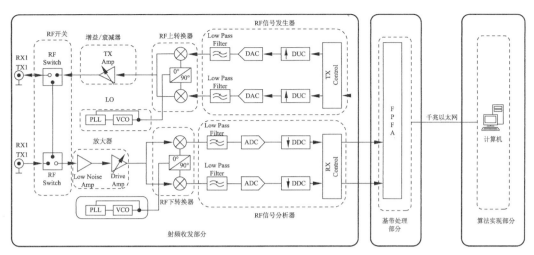

图 12.3 软硬件总体原理框图

图 12.3 中,射频收发部分,即 XSRP 软件无线电平台的射频部分;基带处理部分,即 XSRP 软件无线电平台的基带部分;算法实现部分,在计算机中实现。

XSRP 软件无线电平台=机箱+射频部分+基带部分+配件(电源线、网线、USB 线、天线等)。

2. 组模块设计原理、接口及流程

(1) 第一组模块设计原理、接口及流程

第一组模块包括 CRC 添加和码块分割两个算法码块。

1) TD-LTE CRC 添加。

CRC 校验码的作用:发送方发送的数据在传输过程中受到信号干扰,可能出现错误的码,造成接收方不清楚接收到的数据是否就是发送方所发送的,CRC 校验码可以判断数据的正确性。CRC 是数据通信领域中最常用的一种差错校验码。

CRC 校验利用线性编码理论,在发送端根据要传送的 k 位二进制码序列,以一定的规则产生一个校验用的 r 位监督码(即 CRC 码),并附在信息后面,构成一个新的二进制码序列,共 $k+r$ 位,最后发送出去。在接收端,根据信息码和 CRC 码之间所遵循的规则进行检验,以确定数据在传送中是否出错。

设编码前的原始信息多项式为 $P(x)$,生成多项式为 $G(x)$,CRC 多项式为 $R(x)$;编码后带循环校验码 CRC 的信息多项式为 $T(x)$。其实现步骤如下:

Step1:设待发送的数据块是 k 位二进制多项式 $P(x)$,生成多项式为 r 阶的 $G(x)$。在数据块的末尾添加 r 个 0,数据块的长度增加到 $k+r$ 位,对应的二进制多项式为 $x^r P(x)$。

Step2:用生成多项式 $G(x)$ 模 2 除 $x^r P(x)$,求得余数为 $r-1$ 阶的二进制多项式 $R(x)$。此二进制多项式 $R(x)$ 就是 $P(x)$ 经生成多项式 $G(x)$ 编码的 CRC 校验码。将校验码 $R(x)$ 添至 $P(x)$ 的末尾,即可得到包含 CRC 校验码的待发送字符串。

从 CRC 的编码规则可以看出,CRC 编码实际上是将待发送的 k 位二进制多项式 $P(x)$ 转换成可以被 $G(x)$ 除尽的 $k+r$ 位二进制多项式 $T(x)$。所以,译码时可以用接收到的数据去除 $G(x)$,如果余数为 0,表示传输过程没有错误;否则,传输过程存在错误。

校验多项式为

$$g_{\text{CRC24A}}(D) = D^{24}+D^{23}+D^{18}+D^{17}+D^{14}+D^{11}+D^{10}+D^7+D^6+D^5+D^4+D^3+D+1$$

CRC 校验算法的依据是 3GPP 36.212 协议 5.1.1 节中的 CRC 计算部分,不同信道使用的 CRC 计算方式是不一样的。例如,LTE 的 PUSCH 信道是采用 CRC24A 的方式添加 CRC 的。

3GPP 36.212 协议的原文如下:

***(3GPP 协议)start

5.1.1　CRC calculation

Denote the input bits to the CRC computation by $a_0, a_1, a_2, a_3, \cdots, a_{A-1}$, and the parity bits by $p_0, p_1, p_2, p_3, \cdots, p_{L-1}$. A is the size of the input sequence and L is the number of parity bits. The parity bits are generated by one of the following cyclic generator polynomials:

$-g_{\text{CRC24A}}(D) = D^{24}+D^{23}+D^{18}+D^{17}+D^{14}+D^{11}+D^{10}+D^7+D^6+D^5+D^4+D^3+D+1$ and;

$-g_{\text{CRC24B}}(D) = D^{24}+D^{23}+D^6+D^5+D+1$ for a CRC length $L=24$ and;

$-g_{\text{CRC16}}(D) = D^{16}+D^{12}+D^5+1$ for a CRC length $L=16$.

$-g_{\text{CRC8}}(D) = D^8+D^7+D^4+D^3+D+1$ for a CRC length of $L=8$.

The encoding is performed in a systematic form, which means that in $\text{GF}(2)$, the polynomial:

$$a_0 D^{A+23}+a_1 D^{A+22}+\cdots+a_{A-1}D^{24}+p_0 D^{23}+p_1 D^{22}+\cdots+p_{22}D^1+p_{23}$$

yields a remainder equal to 0 when divided by the corresponding length-24 CRC generator polynomial, $g_{\text{CRC24A}}(D)$ or $g_{\text{CRC24B}}(D)$, the polynomial:

$$a_0 D^{A+15}+a_1 D^{A+14}+\cdots+a_{A-1}D^{16}+p_0 D^{15}+p_1 D^{14}+\cdots+p_{14}D^1+p_{15}$$

yields a remainder equal to 0 when divided by $g_{\text{CRC16}}(D)$, and the polynomial:

$$a_0 D^{A+7}+a_1 D^{A+6}+\cdots+a_{A-1}D^8+p_0 D^7+p_1 D^6+\cdots+p_6 D^1+p_7$$

yields a remainder equal to 0 when divided by $g_{\text{CRC8}}(D)$.

The bits after CRC attachment are denoted by $b_0, b_1, b_2, b_3, \cdots, b_{B-1}$, where $B = A+L$. The relation between a_k and b_k is:

$b_k = a_k$ 　　　　for $k=0, 1, 2, \cdots, A-1$;

$b_k = p_{k-A}$ 　　　for $k=A, A+1, A+2, \cdots, A+L-1$.

***end

实现 CRC 添加功能的步骤如下:

Step1：获取多项式的指数系统。

Step2：根据公式来计算 CRC 校验位。

TD-LTE 添加 CRC 的流程框图如图 12.4 所示。

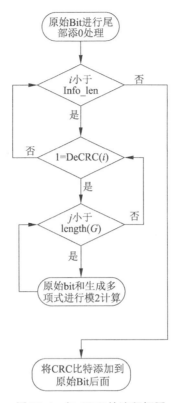

图 12.4　加 CRC 的流程框图

TD-LTE 加 CRC 的接口函数为 $p = crc24a(c)$。

① 实现功能：以校验多项式为除数的多项式计算 24 位 CRC。

② 参数定义：

c：需要进行 CRC 校验的信息。

p：进行 CRC 校验的校验位，由低位到高位排列。

③ 校验多项式为

$$g_{CRC24A}(D) = D^{24} + D^{23} + D^{18} + D^{17} + D^{14} + D^{11} + D^{10} + D^7 + D^6 + D^5 + D^4 + D^3 + D + 1$$

2）TD-LTE 码块分割。

码块分割部分的输入序列表示为 $b_0, b_1, b_2, b_3, \cdots, b_{B-1}$，$B > 0$。如果 B 大于最大码块长度 $Z(Z = 6144)$，需要对输入序列进行码块分割，并且在每一个编码块的后面添加长度 $L = 24$ 的 CRC 检验序列，即进行第二次 CRC 检验。

如果填充比特 F 的数目不为 0，那么将填充比特添加到第一个编码块的前面。如果 $B < 40$，那么在编码块的开始位置添加填充比特。在程序设计中，用 NaN 表示填充比特。

码块分割和 CRC 校验的关系如图 12.5 所示。

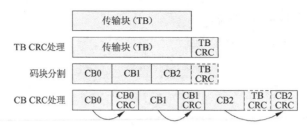

图 12.5　码块分割和 CRC 校验的关系

LTE 码块分割的依据是 3GPP 36.212 协议 5.1.2 中的码块分割及添加 CRC。

3GPP 协议 36.212 的原文如下：

＊＊＊（3GPP 协议）start

5.1.2　Code block segmentation and code block CRC attachment

The input bit sequence to the code block segmentation is denoted by $b_0, b_1, b_2, b_3 \cdots b_{B-1}$, where $B>0$. If B is larger than the maximum code block size Z, segmentation of the input bit sequence is performed and an additional CRC sequenceof $L=24$ bits is attached to each code block. The maximum code block size is：

$$-Z = 6144$$

If the number of filler bits F calculated below is not 0, filler bits are added to the begining of the first block.

Note thatif $B<40$, filler bits are added to the beginning of the code block.

The filler bits shall be set to <NULL> at the input to the encoder.

Total number of code blocks C is determinedby：

　　If $B \leqslant Z$

　　$L=0$

　　Number of code blocks：$C=1$

　　$B'=B$

　　Else+

　　　　$K_r = K_+$

　　End if

　　While $k< K_r - L$

　　　　$c_{rk} = b_s$

　　　　$k=k+1$

　　　　$s=s+1$

　　End while

　　If $C>1$

The sequence $c_{r0}, c_{r1}, c_{r2}, c_{r3}, \cdots, c_{r(K_r-L-1)}$ is used to calculate the CRC parity bits p_{r0}, $p_{r1}, p_{r2}, \cdots, p_{r(L-1)}$ according to section 5.1.1 with the generator polynomial $g_{CRC24R}(D)$. For CRC calculation it is assumed that filler bits, if present, have the value 0.

> While $k < K_r$
>> $c_{rk} = p_r(k+L-K_r)$
>>
>> $k = k+1$
>
> End while
>
> End if
>
> $k = 0$

***end

根据协议实现码块分割的流程框图如图 12.6 所示。

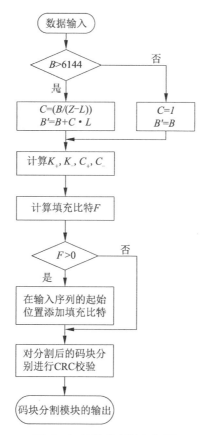

图 12.6 码块分割流程框图

图 12.6 中, B' 表示输入序列在进行码块分割后的序列中的比特数目; C 为分割的码块数; K_+ 为第一个分段的大小; C_+ 是长度为 K_+ 的码块数目; K_- 为第二个分段大小; C_- 为长度是 K_- 的码块数目。

TD-LTE 码块分割的流程框图如图 12.7 所示。

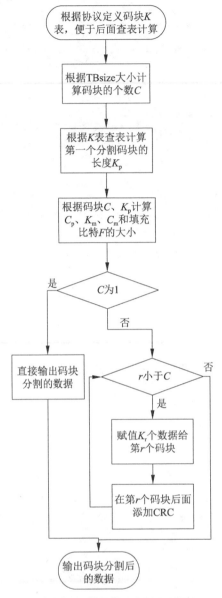

图 12.7　码块分割的流程框图

TD-LTE 码块分割的接口函数：

$[Cp, Kp, Cm, Km, F, Out\_data] = Cdblk\_seg1(Info\_data)$

① 实现功能：将 TBsize 分割成多个码块，每个码块最大为 6144 bit。

② 参数定义：

Info_data：添加 CRC 后的信源 bit。

C_p：第一个分割码块的码块数。

K_p：第一个分割码块的长度。

C_{m}：第二个分割码块的码块数。

K_{m}：第二个分割码块的长度。

F：填充比特。

Out_data：码块分割后的数据。

（2）第二组模块设计原理、接口及流程

第二组模块包括 Turbo 编码算法码块。

对于一个给定的码块，输入信道编码模块的比特序列为 $c_0,c_1,c_2,\cdots,c_{K-1}$，其中 K 表示需要进行编码的比特数目。编码后模块的比特序列为 $d_0^{(i)},d_1^{(i)},d_2^{(i)},\cdots,d_{D-1}^{(i)}$，其中 D 是每个输出流的编码比特数目，i 表示编码器输出流的序号，c_k 和 $d_k^{(i)}$ 的关系以及 K 和 D 的关系由编码方式决定。

Turbo 编码器的方案：并行级联卷积码（Parallel Concatenated Convolutional Code，PCCC），使用了两个 8 状态子编码器和一个 Turbo 码内交织器。Turbo 编码器的编码速率为 1/3，Turbo 编码器的结构如图 12.8 所示。

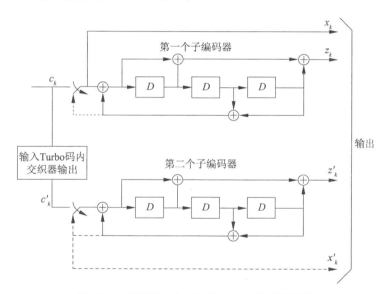

图 12.8　编码速率为 1/3 的 Turbo 编码器结构

PCCC 中 8 状态子编码器的传输函数为

$$G(D) = \left[1, \frac{g_1(D)}{g_0(D)} \right] \tag{12.1}$$

式中：

$$g_0(D) = 1 + D^2 + D^3 \tag{12.2}$$

$$g_1(D) = 1 + D + D^3 \tag{12.3}$$

当开始进行编码时，8 状态子编码器中移位寄存器的初始值为 0。Turbo 编码器的输出为

...

$$d_k^{(0)} = x_k$$

$$d_k^{(1)} = z_k$$

$$d_k^{(2)} = z_k'$$

式中：$k = 0, 1, 2, \cdots, K-1$。

如果被编码的码块是 0 号码块，并且填充比特的数目大于 0，即 $F > 0$，那么编码的输入被设置为 $c_k = 0, k = 0, \cdots, F-1$，并且设置 $d_k^{(0)} = 0, k = 0, \cdots, F-1$，以及 $d_k^{(1)} = <\text{NULL}>$，$k = 0, \cdots, F-1$ 作为其他输出。

输入 Turbo 编码器的比特为 $c_0, c_1, c_2, \cdots, c_{K-1}$，第一个和第二个 8 状态子编码器的输入比特分别为 $z_0, z_1, z_2, \cdots, z_{K-1}$ 和 $z_0', z_1', z_2', \cdots, z_{K-1}'$。从 Turbo 码内交织器的输出比特为 $c_0', c_1', \cdots, c_{K-1}'$，这些比特将被输入第二个 8 状态子编码器。

Trellis Termination 通过从所有的信息比特编码之后的移位寄存器反馈中获取尾比特来完成。尾比特在信息比特编码以后添加。

前三个尾比特用于终止第一个子编码器，同时第二个子编码器被禁用。最后三个尾比特用于终止第二个子编码器，同时第一个子编码器被禁用。

用于 Trellis Termination 的传输比特为

$$d_k^{(0)} = x_k, d_{K+1}^{(0)} = z_{K+1}, d_{K+2}^{(0)} = x_K', d_{K+3}^{(0)} = z_{K+1}'$$

$$d_k^{(1)} = z_K, d_{K+1}^{(1)} = x_{K+2}, d_{K+2}^{(1)} = z_K', d_{K+3}^{(1)} = x_{K+2}'$$

$$d_k^{(2)} = x_{K+1}, d_{K+1}^{(2)} = z_{K+2}, d_{K+2}^{(2)} = x_{K+1}', d_{K+3}^{(2)} = z_{K+2}'$$

输入 Turbo 码内交织器的比特表示为 $c_0, c_1, c_2, \cdots, c_{K-1}$，其中 K 为输入的比特数目。Turbo 码内交织器的输出表示为 $c_0', c_1', \cdots, c_{K-1}'$。

输入和输出比特的关系为

$$c_i' = c_{\Pi(i)} , i = 0, 1, \cdots, K-1$$

式中：输出序号 i 和输入序号 $\Pi(i)$ 的关系为

$$\Pi(i) = (f_1 i + f_2 i^2) \bmod K$$

式中：参数 f_1 和 f_2 的大小取决于块大小。

LTE Turbo 编码是依据 3GPP 36.212 协议 5.1.3.2 节进行 Turbo 编码的。

3GPP 协议 36.212 的原文如下：

***（3GPP 协议）start

5.1.3.2　Turbo codingu

5.1.3.2.1　Turbo encoders

The scheme of turbo encoder is a Parallel Concatenated Convolutional Code（PCCC）with two 8-state constituent encoders and one turbo code intemal interleaver. The coding rate of turbo encoderis 1/3. The structure of turbo encoder is illustrated in Figure 5.1.3-2.

The tansfer function of the 8-state constituent code for the PCCC is：

$$G(D) = \left[1, \frac{g_1(D)}{g_0(D)} \right]$$

where

$$g_0(D) = 1 + D^2 + D^3$$

$$g_1(D) = 1 + D + D^3$$

The initial value of the shift registers of the 8-state constituent encoders shall be all zeros when starting to encode the input bits.

The output from the turbo encoder is

$$d_k^{(0)} = x_k$$

$$d_k^{(1)} = z_k$$

$$d_k^{(2)} = z_k'$$

***end

根据协议 LTE 的 Turbo 编码的代码应该包括 2 个递归系统卷积码和 1 个码内交织器。

TD-LTE Turbo 编码的流程框图如图 12.9 所示。

TD-LTE Turbo 的接口函数：

codedata = TurboEncodeFun(C, cdblksegdata, Cm, Km, Kp, F)

① 实现功能：对码块分割后的数据进行 Turbo 编码。

② 参数定义：

C：码块个数。

cdblksegdata ：码块分后的数据。

C_m：第二个分割码块的码块数。

K_m：第二个分割码块的长度。

K_p：第一个分割码块的长度。

F：填充比特。

codedata：Turbo 编码后的输出数据。

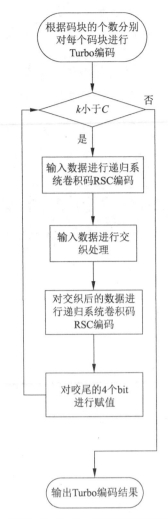

图 12.9　Turbo 编码的流程框图

（3）第三组模块设计原理、接口及流程

第三组模块包括生成导频算法码块。

生成导频是指生成小区专用导频，小区专用导频就是常说的公共导频，信道估计和 RSRP 的计算都是根据小区专用导频来计算的。现在 LTE 系统中就 2 个符号是导频符号（每帧中第 3 个和第 10 个符号），用于信道估计。

参考信号序列 $r_{u,v}^{(\alpha)}(n)$ 定义为基序列 $\bar{r}_{u,v}(n)$ 的循环移位，即

$$r_{u,v}^{(\alpha)}(n) = \mathrm{e}^{\mathrm{j}\alpha n}\bar{r}_{u,v}(n)\,,\ 0 \leqslant n < M_{\mathrm{sc}}^{\mathrm{RS}}$$

式中：参考信号序列长度 $M_{\mathrm{sc}}^{\mathrm{RS}} = m N_{\mathrm{sc}}^{\mathrm{RB}}$，且 $1 \leqslant m \leqslant N_{\mathrm{RB}}^{\mathrm{max,UL}}$。多个参考信号序列可由一个基序列和不同的循环移位值 α 得到。

基序列 $\bar{r}_{u,v}(n)$ 被分为多组，其中 $u \in \{0,1,\cdots,29\}$，表示组号，v 表示组内基序列号，使得每组在 $1 \leqslant m \leqslant 5$ 时，包含一个长度为 $M_{\mathrm{sc}}^{\mathrm{RS}} = m N_{\mathrm{sc}}^{\mathrm{RB}}$ 的基序列（$v = 0$）；在 $6 \leqslant m \leqslant N_{\mathrm{RB}}^{\mathrm{max,UL}}$ 时

包含两个长度为 $M_{sc}^{RS}=mN_{sc}^{RB}$ 的基序列 $(v=0,1)$。序列组号 u 和组内序号 v 随时间而变化。基序列 $\bar{r}_{u,v}(0),\cdots,\bar{r}_{u,v}(M_{sc}^{RS}-1)$ 的长度取决于序列长度 M_{sc}^{RS}。

① 长度为 $3N_{sc}^{RB}$ 或更长的基序列。

若 $M_{sc}^{RS}\geq 3N_{sc}^{RB}$，基序列 $\bar{r}_{u,v}(0),\cdots,\bar{r}_{u,v}(M_{sc}^{RS}-1)$ 由下式得到：

$$\bar{r}_{u,v}(n)=x_q(n\bmod N_{ZC}^{RS}),0\leq n<M_{sc}^{RS}$$

式中：第 q 个根 ZC 序列定义为

$$x_q(m)=\mathrm{e}^{-\mathrm{j}\frac{\pi qm(m+1)}{N_{ZC}^{RS}}},0\leq m\leq N_{ZC}^{RS}-1$$

式中：

$$q=\lfloor \bar{q}+1/2\rfloor+v\cdot(-1)^{\lfloor 2\bar{q}\rfloor}$$

$$\bar{q}=N_{ZC}^{RS}\cdot(u+1)/31$$

ZC 序列的长度 N_{ZC}^{RS} 取值为满足 $N_{ZC}^{RS}<M_{sc}^{RS}$ 的最大素数。

② 长度小于 $3N_{sc}^{RB}$ 的基序列。

当 $M_{sc}^{RS}=N_{sc}^{RB}$ 和 $M_{sc}^{RS}=2N_{sc}^{RB}$ 时，基序列为

$$\bar{r}_{u,v}(n)=\mathrm{e}^{\mathrm{j}\varphi(n)\pi/4},0\leq n\leq M_{sc}^{RS}-1$$

（3）组跳转

时隙 n_s 内的序列组序号 u 由组跳转样式 $f_{gh}(n_s)$ 和序列移位样式 f_{ss} 定义，即

$$u=[f_{gh}(n_s)+f_{ss}]\bmod 30$$

存在 17 种不同的跳转样式和 30 种不同的序列移位样式。序列组跳转开启和关闭由高层提供的参数 Group-hopping-enabled 确定。PUCCH 和 PUSCH 使用相同的跳转样式，但可能采用不同的序列移位样式。

PUSCH 和 PUCCH 的组跳转样式为

$$f_{gh}(n_s)=\begin{cases}0,&\text{组跳转关闭}\\ \left[\sum_{i=0}^{7}c(8n_s+i)\cdot 2^i\right]\bmod 30,&\text{组跳转开启}\end{cases}$$

（4）序列跳转

序列跳转仅应用于长度 $M_{sc}^{RS}\geq 6N_{sc}^{RB}$ 的参考信号。

对长度 $M_{sc}^{RS}<6N_{sc}^{RB}$ 的参考信号，基序列组内的基序列号 $v=0$。

对长度 $M_{sc}^{RS}\geq 6N_{sc}^{RB}$ 的参考信号，时隙 n_s 中基序列组内的基序列号 v 为

$$v=\begin{cases}c(n_s),&\text{如果组跳转功能关闭，且序列跳转功能开启}\\ 0,&\text{其他}\end{cases}$$

LTE 生成导频是依据 3GPP 36.211 协议 5.5.1 和 5.5.2 节进行的。

3GPP 协议 36.211 的原文如下：

$* *$ (3GPP 协议) start

5.5.1 Generation of the reference signal sequence.

Reference signal sequence $r_{u,v}^{(\alpha)}(n)$ is defined by a cyclic shift a of a base sequence $\bar{r}_{u,v}(n)$ according to。

$$r_{u,v}^{(\alpha)}(n) = e^{jan}\bar{r}_{u,v}(n), 0 \leqslant n < M_{sc}^{RS}$$

where $M_{sc}^{RS} = mN_{sc}^{RB}$ is the length of the reference signal sequence and $1 \leqslant m \leqslant N_{RB}^{max,UL}$. Multiple reference signal sequences are defined from a single base sequence through different values of α.

Base sequences $\bar{r}_{u,v}(n)$ are divided into groups, where $u \in \{0,1,\cdots,29\}$ is the group number and v is the base sequence number within the group, such that each group contains one base sequence ($v = 0$) of each length $M_{sc}^{RS} = mN_{sc}^{RB}, 1 \leqslant m \leqslant 5$ and two base sequences ($v = 0,1$) of each length $M_{sc}^{RS} = mN_{sc}^{SB}, 6 \leqslant m \leqslant N_{RB}^{max,UL}$. The sequence group number u and the number v within the group may vary in time as described in Sections 5.5.1.3 and 5.5.1.4, respectively. The definition of the base sequence $\bar{r}_{u,v}(0),\cdots,\bar{r}_{u,v}(M_{sc}^{RS}-1)$ depends on the sequence length M_{sc}^{RS}.

5.5.1.1 Base sequences of length $3N_{sc}^{RB}$ or largers

For $M_{sc}^{RS} \geqslant 3N_{sc}^{RB}$, the base sequence $\bar{r}_{u,v}(0),\cdots,\bar{r}_{u,v}(M_{sc}^{RS}-1)$ is given by

$$\bar{r}_{u,v}(n) = x_q(n \bmod N_{ZC}^{RS}), 0 \leqslant n < M_{s_c}^{RS}$$

where the qth root Zadoff-Chu sequence is defined by

$$x_q(m) = e^{-j\frac{nqm(m+1)}{N_{s_c}^{RS}}}, 0 \leqslant m \leqslant N_{ZC}^{RS}-1$$

with q given by

$$q = \lfloor \bar{q}+1/2 \rfloor + v \cdot (-1)^{\lfloor 2\bar{q} \rfloor}$$

$$\bar{q} = N_{ZC}^{RS} \cdot (u+1)/31$$

The length N_{ZC}^{RS} of the Zadoff-Chy sequence is given by the largest prime number such that $N_{ZC}^{RS} < M_{sc}^{RS}$.

5.5.1.2 Base sequences of length less than $3N_{sc}^{RB}$

For $M_{sc}^{RS} = N_{sc}^{RB}$ and $M_{sc}^{RS} = 2N_{sc}^{RB}$, base sequence is given by

$$\bar{r}_{u,v}(n) = e^{j\varphi(n)\pi/4}, 0 \leqslant n \leqslant M_{sc}^{RS}-1$$

where the valueof $\varphi(n)$ is given by Table 5.5.1 2-1 and Table 5.5.1.2-2 for $M_{sc}^{RS} = N_{sc}^{RB}$ and $M_{sc}^{RS} = 2N_{sc}^{RB}$ respectively.

5.5.1.3　Group hopping

The sequence-group number u in slot n_s is defined by a goup hopping pattern $f_{gh}(n_s)$ anda sequence-shift pattern f_{ss} according to

$$u = \left[f_{gh}(n_s) + f_{ss} \right] \bmod 30$$

There are 17 different hopping patterns and 30 different sequence shift patterns. Sequence-group hopping can be enabled or disabled by means of the parameter Group-hopping-enabled provided by higher layers. PUCCH and PUSCH have the same hopping pattern but may have different sequence-shift patterns.

The group-hopping pattern $f_{gh}(n_s)$ is the same for PUSCH and PUCCH and given by

$$f_{gh(n_s)} = \begin{cases} 0, & \text{if group hopping is disabled} \\ \left[\sum_{i=0}^{7} c(8n_s + i) \cdot 2^i \right] \bmod 30, & \text{if group hopping is enabled} \end{cases}$$

whore the pseudo-random sequence $c(i)$ is defined by Section 7.2. The pseudo-random sequence generator shall be initialized with $C_{init} = \left\lfloor \dfrac{N_{ID}^{cell}}{30} \right\rfloor$ at the beginning of each radio frame.

5.5.2.1.1　Reference signal sequencer

The demodulation reference signal sequence $r^{PUSCH}(.)$ for PUSCH is defined by:

$$r^{PUSCH}(m\,M_{sc}^{RS} + n) = r_{u,v}^{\alpha}(n)$$

where

$$m = 0,1$$
$$n = 0, \cdots, M_{sc}^{RS} - 1$$

and

$$M_{sc}^{RS} = M_{sc}^{PUSCH}$$

Section 5.5.1 defines the sequence $r_{u,v}^{\alpha}(0), \cdots, r_{u,v}^{(\alpha)}(M_{sc}^{RS} - 1)$.

The cyclicshift a inaslot n_s is givenas $\alpha = 2m_{cs}/12$ with

$$n_{cs} = \left[n_{DMRS}^{(1)} + n_{DMRS}^{(2)} + n_{PRS}(n_s) \right] \bmod 12$$

***end

　　计算导频数据首先要确定组号 u 的具体取值,然后确定组内序列号 v 的具体取值(u 和 v 随着时间变化而变化,即序列组跳转和序列跳转)。

　　TD-LTE 生成导频的流程图如图 12.10 所示。

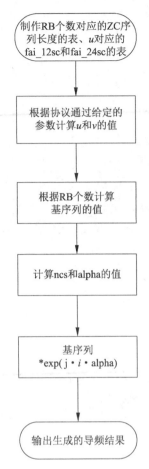

图 12. 10　TD-LTE 生成导频的流程框图

TD-LTE 生成导频的接口函数:

$[out, basic\_out] = pusch\_rs\_gen(rbnum, group\_hop\_flag, seq\_hop\_flag, slotno, cellid, deltass, ndmrs1, cyc\_shift, symbol\_index)$

① 实现功能:根据给定的参数生成导频参考信号的数据。

② 参数定义:

rbnum:RB 个数。

group_hop_flag:组跳转使能标志,默认为 0。

seq_hop_flag:序列跳转使能标志,默认为 0。

slotno:时隙号。

cellid:小区 ID。

deltas:组调频参数,用于计算循环移位。

ndmrs1:广播中配置的参数,用于计算循环移位。

cyc_shift:DCI 调度参数,用于查表的索引。

symbol_index:符号索引,此处没有使用。

out:输出对应时隙的导频信号。

basic_out:输出导频母码的数据。

3. 功能验证

(1) 模块功能验证

① 第一组功能验证。打开第一组的小工程文件,实现其中的 Turbo 编码函数 codedata = TurboEncodeFun(C, cdblksegdata, Cm, Km, Kp, F)。运行 main.m 代码,如图 12.11 所示。

```
2 -    clc;
3 -    clear;
4
5
6
7 -    load 'info_data';              %导入信源数据
8 -    load 'crc_data.mat';           %导入正确的crc后的数据
9 -    load 'cdblkseg_data.mat';      %导入正确的码块分割后的数据
10
11 -   tbsize = 57336;    %TB块的大小
12
13     %CRC 添加
14 -   crc_24 = crc24a(info_data);
15 -   testcrc_data =[info_data,crc_24];
16
17     %码块分割
18 -   [Cp, Kp, Cm, Km, F, testcdblkseg_data] = Cdblk_seg1(testcrc_data);
19
20 -   out = isequal(cdblkseg_data,testcdblkseg_data);  %out为0表示结果不一致, 代码编写错误
21                                                       %out为1表示结果正确, 代码编写正确
22 -   if((Cp==10) && (Kp==5760) && (Km==5696) && (out==1))
23 -       disp('The code is correct');
24 -   else
25 -       disp('The code is error');
26 -   end
27
28 ●⇔   clc
```

图 12.11 运行 main.m 代码

输出结果为"The code is correct",表示代码编写正确,如图 12.12 所示。

Current Folder | Command Window

Name ▼
- main.m
- info_data.mat
- crc_data.mat
- CRC_attach.m
- crc24a.m
- cdblkseg_data.mat
- Cdblk_seg1.m

The code is correct
fx K>>

图 12.12 代码编写正确的图示

② 第二组功能验证。打开第二组的小工程文件,实现其中的 CRC 函数 p = crc24a(c) 和码块分割函数 [Cp, Kp, Cm, Km, F, Out_data] = Cdblk_seg1(Info_data)。运行 main.m 代码,如图 12.13 所示。

```
main.m   ×
1
2 -     clc;
3 -     clear;
4
5
6
7 -     load 'cdblkseg_data.mat';        %导入码块分割后的数据
8 -     load 'coded_data.mat';           %导入Turbo编码后的数据
9
10 -    C = 10;      %码块的个数
11 -    Cm = 0;      %长度为Km的码块数
12 -    Km = 5696;   %Km的长度
13 -    Kp = 5760;   %Kp的长度
14 -    F =0;        %填充Bit数量
15
16      %Turbo编码
17 -    test_coded_data = TurboEncodeFun(C,cdblkseg_data,Cm,Km,Kp,F);
18
19 -    out = isequal(coded_data,test_coded_data);   %out为0表示结果不一致,代码编写错误
20                                                   %out为1表示结果正确,代码编写正确
21 -    if(out==1)
22 -        disp('The code is correct');
23 -    else
24 -        disp('The code is error');
25 -    end
26
27 ⊙↺ clc
```

图 12.13　运行 main.m 代码

输出结果为"The code is correct",表示代码编写正确,如图 12.14 所示。

图 12.14　代码编写正确的图示

③ 第三组功能验证。打开第三组的小工程文件,实现其中的导频生成函数[out, basic_out] = pusch _ rs _ gen(rbnum, group _ hop _ flag, seq _ hop _ flag, slotno, cellid, deltass, ndmrs1, cyc_shift, symbol_index)。运行 main.m 代码,如图 12.15 所示。

```
main.m   ×
7 -     load 'scramble_data.mat';        %导入加扰后的数据
8 -     load 'mod_data.mat';             %导入正确的调制后的数据
9 -     load 'rs_slot1.mat';             %导入正确的码块分割后的数据
10 -    load 'rs_slot2.mat';             %导入正确的码块分割后的数据
11
12 -    prb_num = 100;       %RB个数
13 -    module_type =3;      %1: QPSK 2:16QAM 3:64QAM
14 -    UL_subframe_num = 2; %上行子帧号
15 -    cellid = 0;          %小区ID
16
17
18      %调制
19 -    test_mod_data = modfun(scramble_data,prb_num,module_type);
20
21      %两个时隙导频信号产生
22 -    [test_rs_slot1,rs_local_slot1] = pusch_rs_gen(prb_num,0,0,2*UL_subframe_num,cellid,0,0,0,3);
23 -    [test_rs_slot2,rs_local_slot2] = pusch_rs_gen(prb_num,0,0,2*UL_subframe_num+1,cellid,0,0,0,3);
24
25 -    out = isequal(mod_data,test_mod_data);   %out为0表示结果不一致,代码编写错误
26                                               %out为1表示结果正确,代码编写正确
27
28 -    out1 = isequal(rs_slot1,test_rs_slot1);  %out为0表示结果不一致,代码编写错误
29                                               %out为1表示结果正确,代码编写正确
30
31 ⊙↺ out2 = isequal(rs_slot2,test_rs_slot2);  %out为0表示结果不一致,代码编写错误
32                                               %out为1表示结果正确,代码编写正确
33
```

图 12.15　运行 main.m 代码

输出结果为"The rs_gen code is correct",表示代码编写正确,如图 12.16 所示。

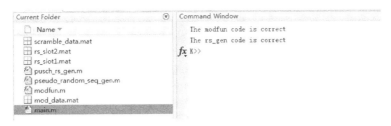

图 12.16　代码编写正确的结果

（2）系统功能验证

将正确的模块函数替换掉整体工程对应的.p 文件,验证系统的功能。

打开 TDLTE_PHY_ALL_main.vi 文件(注:文件路径不能有中文字符),把计算机和 XSRP 的 IP 地址改成对应的 IP 地址,单击"运行"按钮 ⏵,查看"误码数",仿真运行结果和真实系统运行结果分别如图 12.17 和图 12.18 所示。

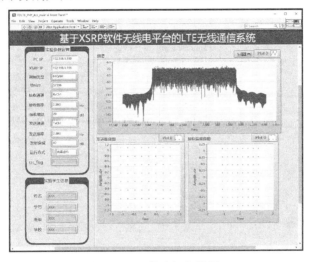

图 12.17　仿真运行结果

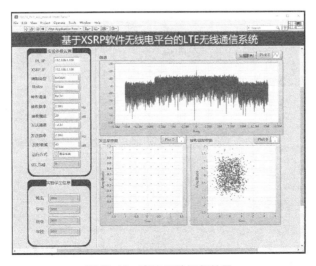

图 12.18　真实系统运行结果

12.3　资源配置

软件资源配置如下:

(1) LabVIEW 2015。

(2) Matlab 2012b。

12.4　工作安排

本项目设计的工作安排说明如表 12.3 所示。

表 12.3　工作安排说明

阶段	子阶段	主要任务
阶段 1	理解任务,掌握原理,了解框架	通过阅读提供的资料和网上查找的资料,深入理解设计任务,掌握其设计原理,了解其设计框架,明确自己要做的工作。
阶段 2	安装软件,领取设备,验证功能	(1) 安装"所需资源"中"软件资源"对应的软件。 (2) 领取或找到项目设计需要用到的 XSRP 软件无线电平台及其各种配件,掌握硬件平台的基本使用方法。 (3) 按照本项目设计指南介绍的方法,运行提供的案例程序,测试该项目最终的实现效果(相当于先看到了实现的效果,再倒过来完成实现的过程)。
阶段 3	补充所缺的知识	[1] 张瑾,周原.基于 MATLAB/Simulink 的通信系统建模与仿真[M].2 版.北京:北京航空航天大学出版社,2017. [2] 陈树学,刘萱. LabVIEW 宝典[M].北京:电子工业出版社,2017.
阶段 4	读懂案例的框架,编写核心部分程序	(1) 读懂程序。 (2) 利用子 VI 模块搭建系统。
阶段 5	软硬件联调	系统搭建完成后去与 XSRP 软件无线电平台硬件进行联调,测试其功能,并优化效果。
阶段 6	编写设计报告	按照任务书中的相关要求,认真编写项目设计报告,完成后打印并提交。

附　录

软件无线电平台组成及功能

附录1　XSRP 平台

XSRP 正视图和软件显示界面如附图 1 所示。

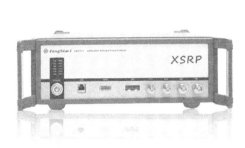

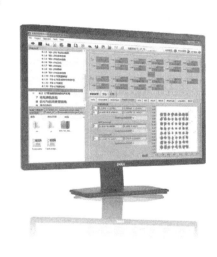

(a) 正视图　　　　　　　　　　　　　　　　(b) 显示界面

附图 1　XSRP 正视图和软件显示界面

1. XSRP 概况

ES2711XSRP 软件无线电创新平台是一款采用软件无线电架构,主要面向通信、电子信息方向的全新一代创新实验开发平台。XSRP 软件无线电创新平台提供了一个功能强大的信号处理单元,通过图形化编程方式,为通信、电子信息专业实验教学提供了一种全新的方式。用户可以基于直观的图形化编程方式,结合 XSRP 平台硬件验证通信原理、移动通信、光通信、数字信号处理、电子线路设计等方面的专业知识,实现通信电子信息领域关键技术的实现和完整系统的开发。

XSRP 软件无线电创新平台采用软件无线电架构,使用户在一个平台上就可以完成从课堂教学、实验教学、系统原型验证到项目实现的完整流程,紧密联系理论与实践。

XSRP 软件无线电创新平台通过千兆网口将 Matlab、LabVIEW 等开发软件与硬件平台无缝连接。XSRP 软件无线电创新平台可将仿真数据实时发送到硬件平台上进行算法验证,也可方便地将代码下载到硬件平台的 CPU/DSP/FPGA 等可编程器件上实时运行,实现从建模、算法仿真、系统仿真、代码实现到最终软硬件联调的各个环节。

2. 系统功能

系统功能框图如附图 2 所示。

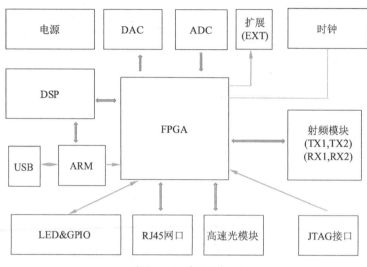

附图 2　系统功能框图

3. 模块功能

XSRP 主要由电源模块、DAC 模块、ADC 模块、时钟模块、FPGA 模块、GPIO 模块、RJ45 网口模块、射频模块、ARM 模块、DSP 模块等组成。

电路模块:各模块提供的电源主要有 5 V、3.3 V、2.5 V、1.2 V 等。

DAC 模块:实现数/模转换,数字信号来自 FPGA。

ADC 模块:实现模/数转换,转换后的数字信号给 FPGA。

时钟模块:为各模块提供工作时钟,如 50 MHz、26 MHz、61.44 MHz 等。

FPGA 模块:可编程逻辑器件,是本平台的核心部件。

GPIO 模块:向用户提供 I/O 接口,它与 FPGA 的 I/O 脚连接。

RJ45 模块:实现网络接口,它与 FPGA 的 I/O 脚连接。

射频模块:实现射频信号的接收和发射,它的基带信号与 FPGA 的 I/O 脚连接。

ARM 模块:实现与上位机的 USB 通信,可将控制命令发送给 FPGA。

DSP 模块:进行数字信号处理,一端与 ARM 连接,一端与 FPGA 连接。

4. XSRP 前面板

XSRP 前面板的接口如附图 3 所示。

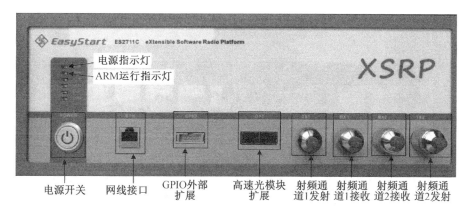

附图 3 XSRP 前面板的接口

前面板的接口说明如附表 1 所示。

附表 1 前面板接口说明

序号	标识	功能说明	备注
1	POWER	电源开关	
2	PWR	电源指示灯	
3	RUN	ARM 运行指示灯	
4	LED1	指示灯,不同的实验代表不同的含意	
5	LED2	指示灯,不同的实验代表不同的含意	
6	LED3	指示灯,不同的实验代表不同的含意	
7	LED4	指示灯,不同的实验代表不同的含意	
8	GPIO	GIPIO 外部扩展	
9	OPT	高速光模块扩展	(保留)
10	TX1	射频通道 1 发射	
11	RX1	射频通道 1 接收	
12	RX2	射频通道 2 接收	
13	TX2	射频通道 2 发射	

前面板接口的详细描述如附图 4 所示。

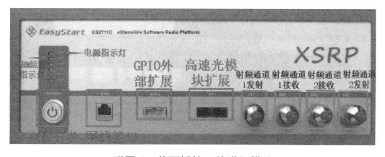

附图 4 前面板接口的详细描述

5. 后面板接口

XSRP 后背板的接口如附图 5 所示。

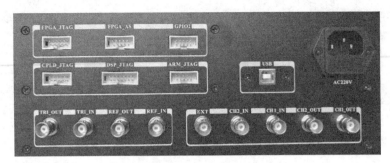

附图 5　后背板的接口

后面板的接口说明如附表 2 所示。

附表 2　后背板的接口说明

序号	标识	功能说明	备注
1	FPGA_JTAG	FPGA(4CGX75)的 JTAG 下载接口	
2	FPGA_AS	FPGA(4CGX75)的 AS 烧写接口	(保留)
3	GPIO2	GPIO 扩展接口	(保留)
4	CPLD_JTAG	CPLD 的 JTAG 下载接口	(保留)
5	DSP_JTAG	DSP(5000 系列)的 JTAG 下载接口	(保留)
6	ARM_JTAG	ARM 的 JTAG 下载接口	(保留)
7	REF OUT	内部参考时钟输出	
8	TRI OUT	内部同步信号输出	
9	REF IN	外部参考时钟输入	(保留)
10	TRI IN	外部同步信号输入	(保留)
11	USB1	ARM 与上位机的通信接口	
12	USB2	DSP(6000 系列)下载接口	(保留)
13	CH1_OUT	DAC 的通道 1 输出	可接示波器
14	CH2_OUT	DAC 的通道 2 输出	可接示波器
15	CH1_IN	ADC 的通道 1 输入	
16	CH1_IN	ADC 的通道 2 输入	
17	EXT	触发信号输出	可接示波器
18	AC220 V	220 V 市电输入	

后背板接口的详细描述如附图 6 所示。

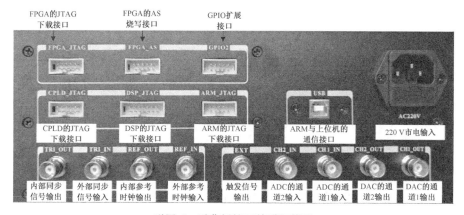

附图 6　后背板接口的详细描述

配件如附表 3 所示。

附表 3　配件

序号	名称	单位	数量	使用场景
1	仪表式主机箱	台	1	设备固有组件
2	射频转接头 N/SMA-JK(已装设备上)	个	4	
3	网线	根	1	必连
4	全频段天线(白色)	根	4	
5	单相三极电源线	根	1	
6	USB 方口打印线	根	3	必连 1 根
7	BNC 连接线(黑色)	根	3	需要将波形输出到示波器时连接
8	FPGA 下载器(Altera USB Blaster)	个	1	在通信原理、移动通信等项目的设计型实验时使用
9	DSP 仿真器	个	1	在数字信号处理设计型及综合型实验时使用
10	通用车载 FM 发射器	个	1	做项目设计时使用
11	12 V 门禁遥控开关	套	1	
12	5 口千兆交换机	台	1	配置双 IP 地址时使用
13	网线(与 5 口交换机配套使用)	根	1	

附录 2　连线

1. 必连

(1) 网线 1 根(连接 XSRP 前面板的 ETH 接口和计算机的网线接口)。

(2) 全频段天线(白色)4 根(将 4 根天线依次插进 XSRP 前面板的 TX1、RX1、RX2 和 TX2 口,并旋紧)。

(3) 单相三极电源线 1 根(接 220 V 市电)。

(4) USB 方口打印线 1 根(连接 XSRP 后面板的 USB 接口和计算机的 USB 接口)。

2. 选连

(1) BNC 连接线(黑色)3 根(需要将波形输出到示波器显示时连接:分别连接 XSRP 后面板的 CH1_OUT 和示波器的 CH1,XSRP 后面板的 CH2_OUT 和示波器的 CH2,XSRP 后面板的 EXT 和示波器的 EXT)。

(2) FPGA 下载器 1 个(在通信原理、移动通信、光纤通信等项目的设计型实验时连接:下载器一端通过 USB 方口打印线连接计算机 USB 接口,另一端插入 XSRP 后面板的 FPGA_JTAG 接口)。

(3) DSP 下载器 1 个(在数字信号处理设计型及综合型实验时连接:下载器一端通过 USB 方口打印线连接计算机 USB 接口,另一端插入 XSRP 后面板的 DSP_JTAG 接口)。

附录 3　设备测试

在做项目设计实验时,需要用 RF 收发软件测试设备。设备测试具体操作如下:
Step1:将 RF_Test 文件保存在非中文路径下,双击打开,如附图 7 所示。

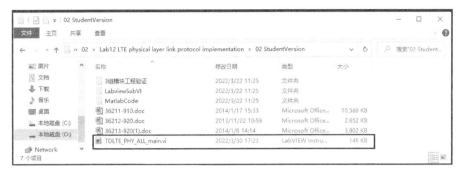

附图 7　RF_Test 文件存放路径

Step2:打开 RF_Test 文件后的显示界面如附图 8 所示。

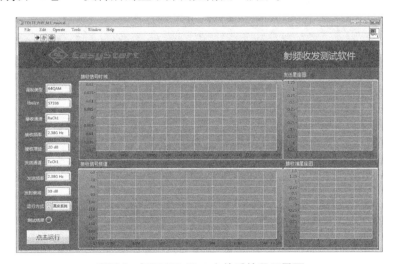

附图 8　打开 RF_Test 文件后的显示界面

Step3:运行方式选择"真实系统",单击"点击运行"按钮,若出现附图 9 所示结果(测试结果灯不亮),则需要修改发射衰减参数。

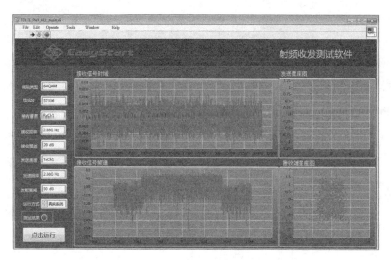

附图 9　软件运行结果

　　Step4:修改发射衰减为 2 dB,单击"点击运行"按钮,出现附图 10 的结果(测试结果灯亮)说明设备正常。

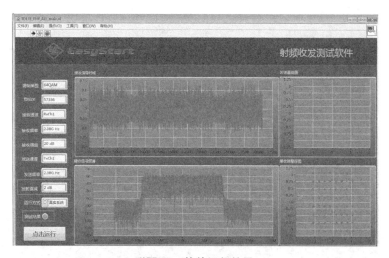

附图 10　软件运行结果

附录 4 XSRP 双 IP 配置方法

1. XSRP 双 IP 配置的需求由来

(1) 现在学校教学大多使用电子教室软件,教师机通过计算机 IP 控制学生机进行控屏演示、教学等,计算机端通常只有一个网口,此时网口已经被连接到局域网的网线所占用,没有多余的网口与 XSRP 设备通信,传统的方式是将计算机连接到局域网的网线拔掉,用网线连接 XSRP 设备和计算机。

(2) XSRP 配置的 IP 地址为 192.168.1.166,计算机默认的 IP 地址为 192.168.1.180。如果将计算机和 XSRP 直接通过网线连接,只需将计算机端的 IP 设置为 192.168.1.166 即可。

(3) 为了能够兼容计算机与教师机的通信和计算机与 XSRP 设备的通信(既确保计算机可以连接局域网,也可以与 XSRP 通信),可增加一台 5 口千兆交换机,将计算机和 XSRP 通过交换机连接到局域网中,在计算机端的 IP 配置可与局域网通信的 IP,同时在计算机端新增与 XSRP 设备通信的 IP,解决计算机不能与局域网和 XSRP 同时通信的问题。上述操作即为双 IP 配置。

2. 预先制作 XSRP 与计算机通信的双 IP

选择局域网中不常用的 IP 及网段,避免与局域网 IP 冲突,此计算机 IP 即为双 IP 配置中新增的 IP,用于 XSRP 和计算机通信。

例如:

局域网 1	IP(原有 IP,上网使用)	: 192.168.2.165
PC1	IP(新增 IP,XSRP 使用)	: 192.168.1.181
XSRP1	IP(FPGA 配置 IP)	: 192.168.1.167

局域网 2	IP(原有 IP,上网使用)	: 192.168.2.167
PC2	IP(新增 IP,XSRP 使用)	: 192.168.3.182
XSRP2	IP(FPGA 配置 IP)	: 192.168.3.168

局域网 3	IP(原有 IP,上网使用)	: 192.168.2.168
PC3	IP(新增 IP,XSRP 使用)	: 192.168.19.183
XSRP3	IP(FPGA 配置 IP)	: 192.168.19.169

…

3. 双 IP 配置计算机端的操作方法

(1) 在计算机自动获取 IP 的情况下,查询此时计算机获取的网络 IP(如果计算机已经有固定的上网 IP,则不要再查询,跳过此步),具体操作步骤如下:

Step1：鼠标右击网络图标，选择"属性"，弹出的界面如附图 11 所示。

附图 11　网络属性界面

Step2：选择"更改适配器设置"，在弹出的窗口中找到"本地连接"，如附图 12 所示。

附图 12　本地连接图标

Step3：双击"本地连接"图标，弹出的界面如附图 13 所示。

附图 13　本地连接状态

Step4：单击"属性"，打开"Internet 协议版本 4(TCP/IPV4)"，弹出的界面如附图 14 所示。

附图 14　Internet 协议版本 4(TCP/IPV4)

　　Step5:选择"自动获得 IP 地址"和"自动获得 DNS 服务器地址",单击"确定"按钮,即可完成自动获取 IP 地址。

　　(2)用计算机命令提示符查询自动获取的 IP 地址(按下组合键【Win】+【R】进入命令行,输入"cmd"进入 DOS 界面,输入"ipconfig /all"查询 IP 详细信息),如附图 15 所示。

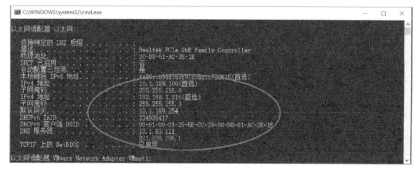

附图 15　查询自动获取的 IP 地址

　　(3)固化 IPV4 信息并配置双 IP,步骤如下:

　　Step1:鼠标右击计算机附图 16 所示的网络图标。

附图 16　网络图标

Step2：选择"更改适配器设置"，如附图 17 所示。

附图 17　更改适配器设置

Step3：进入本地网络，鼠标双击附图 18 所示的图标。

附图 18　本地连接图标

Step4：更改"属性"，如附图 19 所示。

附图 19　更改属性

Step5：配置 IPV4，如附图 20 所示。

附图 20　IPV4 选项

Step6：将获取的 IP 信息依次填写到 IPV4 的相应位置中，最后单击"确定"按钮，如附

图 21 所示。

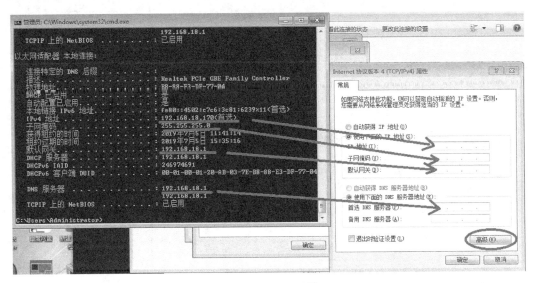

附图 21　IPV4 属性

　　Step7：单击附图 21 中的"高级"选项，在弹出的附图 22 所示界面中单击"添加"按钮，然后在弹出的"TCP/IP 地址"对话框中填写与 XSRP 连接的 IP 地址，如 192.168.1.181，子网掩码设置为 255.255.255.0，设置完成后单击"添加"按钮。

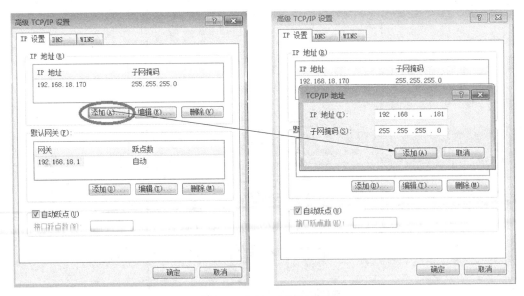

附图 22　高级 TCP/IP 设置

　　Step8：查看附图 23 可看到两个 IP 地址，单击"确认"按钮，完成双 IP 配置。

附图 23　TCP/IP 双 IP 配置

Step9：配置好双 IP 后，再用命令提示符（ipconfig /all）确认是否配置成功，如附图 24 所示。

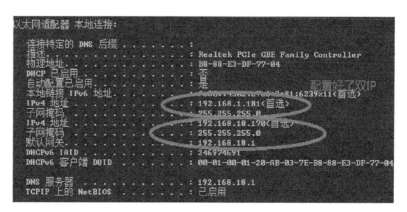

附图 24　双 IP 配置显示图

注意：计算机的网卡必须是千兆网卡，否则不能满足 XSRP 设备的数据传输速率。

4. XSRP 设备端配置方法

（1）用 USB 转方口打印线连接计算机和 XSRP，给设备通电。

（2）右击"以管理员方式打开 XSRP 集成软件"图标 ，此时 ARM 状态指示灯显示绿色，表示 USB 转方口打印线连接良好，如附图 25 所示。

附图 25　ARM 指示灯正常显示

（3）单击小基站配置图标 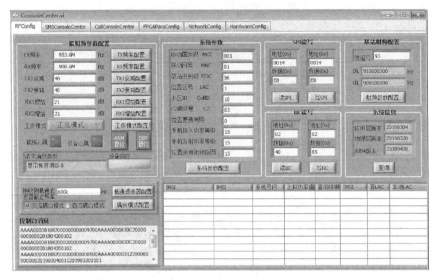，弹出如附图 26 所示界面。

附图 26　小基站配置界面

（4）选择"NetworkingConfig"，设置界面如附图 27 所示。

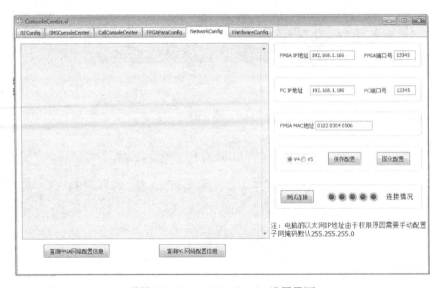

附图 27　NetworkingConfig 设置界面

（5）将计算机和 XSRP 通信的 IP 地址写入 XSRP 设置中。例如,将计算机的 IP 地址设置为 192.168.1.181,XSRP 的 IP 地址设置为 192.168.1.167。写入方法如附图 28 所示。

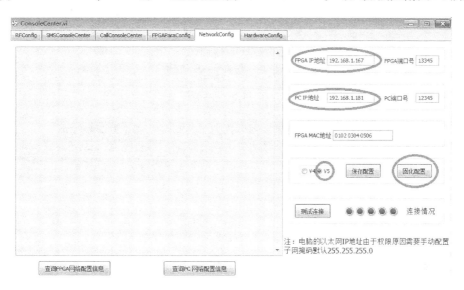

附图 28　NetworkingConfig 设置

（6）单击附图 28 中的"固化配置",等待约 30 s 以后,点击"测试连接",显示连接成功,即表示 IP 配置成功,单击 ConsoleCenter 界面下方的"查询 FPGA 网络配置信息"和"查询计算机网络配置信息",可查看配置到计算机和 XSRP 中的 IP 信息,如附图 29 所示。

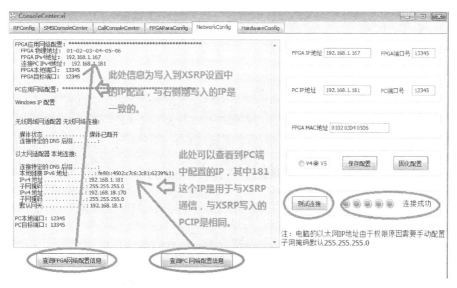

附图 29　FPGA 网络配置和计算机网络配置比对

（7）切换到 XSRP 集成程序界面,单击图标 ，软件界面 FPGA"点亮"。 表示双 IP 配置成功且 XSRP 端的 IP 配置成功。

（8）针对双 IP 配置以后,如果要在集成软件界面中进行编程练习模式的测试,需要打开 main 函数,如附图 30 所示。

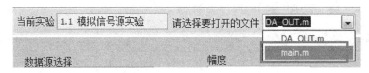

附图 30　切换 main 函数

(9) 在打开的脚本中修改相应的 IP 地址,如附图 31 所示。

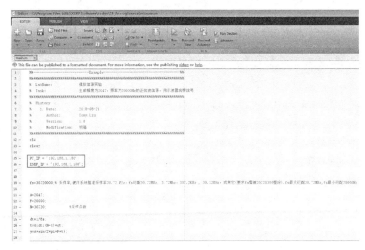

附图 31　在代码中修改 IP 地址

(10) 默认的计算机 IP 地址为 192.168.1.180,XSRP 的 IP 地址为 192.168.1.166。如果 IP 地址不重新配置,运行 main 函数时会报错,在 Matlab 命令窗口中显示如下内容:

Error in DA_OUT(line 81)

fopen(udp_obj)

即表示调用 D/A 接口的 IP 地址配置错误。

(11) 为了避免局域网 IP 地址冲突要修改其配置,如将计算机的 IP 配置成 192.168. 1.181,XSRP 的 IP 配置成 192.168.1.167,IP 配置修改如附图 32 所示。

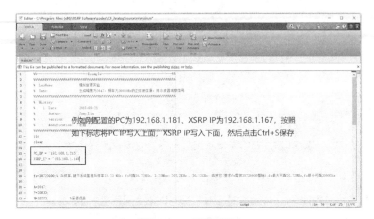

附图 32　IP 配置修改

进行上述修改后,按下组合键【Ctrl】+【S】保存。

5. XSRP 与计算机用网线直连的方法

XSRP 配置的 IP 地址 192.168.1.166;计算机通信默认的 IP 地址为 192.168.1.180。

如果将计算机和 XSRP 直接通过网线连接,只需将计算机端的 IP 地址设置为 192.168.1.180,子网掩码设置成 255.255.255.0 即可。